KB017702

아이의 멘탈은 4가지

KODOMO NO MENTAL HA 4 TYPE
Copyright © 2020 Jiro Iiyama
Originally published in Japan by Daiwa Shobo Co., Ltd.
Korean translation rights arranged with Daiwa Shobo Co., Ltd
through Korean Copyright Center, Inc., Seoul

이 책은 (주)한국저작권센터(KCC)를 통한 저작권자와의 독점계약으로 (주)비전비엔피(비전코
리아/애플북스/이덴슬리벨/해빗/그린애플)에서 출간되었습니다. 저작권법에 의해 한국 내에서
보호를 받는 저작물이므로 무단전재와 복제를 금합니다.

8천 명을 최고로 만든 멘탈 코치의 성향별 대화법

아이의 멘탈은 4가지

이야마 지로 지음 | 최미혜 옮김

애플북스

목차

PART 2 불의 유형과의 대화법

PART 3 바람의 유형과의 대화법

PART 4 물의 유형과의 대화법

PART 5 땅의 유형과의 대화법

PART 6 나의 개성을 키워 주는 자기 교육

추천사

학교는 매우 다양하고 개성이 뚜렷한 아이들이 교실이라는 하나의 공간에 모여 앉아 담임 선생님이라는 한 사람의 이야기에 귀 기울이는 공간입니다. 같은 이야기를 전했고, 같은 마음을 표현했음에도 아이들은 저마다 다른 의도로 받아들이고, 대화를 마치고는 전혀 다른 행동을 시도합니다. 모두 다른 아이들이고, 그 누구도 틀리지 않았습니다.

교실 속 수많은 아이를 네 가지 유형으로 단순화한다는 것에 무리가 있지 않을까 하는 걱정도 잠시, 저자가 제시한 네 가지 유형의 아이들 특성과 그에 맞는 대화법을 확인하면서 제 지난 제자들의 얼굴이 떠올라 미소 짓게 되었습니다. 또 동시에 제가 힘써 기르는 저희 집 두 아이의 유형이 궁금해서 읽어나갈수록 즐겁고 유익했습니다. 아이가 목표에 닿고 싶어 할 때, 실패에 처한 아이를 격려하고 싶을 때, 승부를 봐야 할 때, 적극적인 참여를 유도하고 싶을 때 등 이 책은 일상 속 다양한 상황에서의 도전과 실패를 유형별로 돕기에 적절한 처방전이 될 거라 예상해 봅니다.

자녀 둘이 너무 달라 이해하기 어렵고, 나와 너무 다른 아이가 힘겹고, 교실 속 아이들 각자에게 어떤 도움을 줄 수 있을지 막막한 부모와 교사라면 이 책을 통해 명쾌하고 즐거운 답을 확인할 수 있을 겁니다.

이은경

18년간 초등 아이들을 가르쳤던 교사이자 두 아들을 키우는 엄마로서 20년 가까이 쌓아온 교육 정보와 경험을 나누기 위해 글을 쓰고 강연한다. 지은 책으로 《초등 완성 매일 영어책 읽기 습관》, 《초등 매일 글쓰기의 힘》, 《초등 자기주도 공부법》, 《초등 매일 공부의 힘》 등이 있다.

프롤로그

우리 아이는…

"의욕이 없어요."

"자기긍정감이 낮아요."

"솔직하지 않아요."

"말을 잘 듣지 않아요."

어떻게 하면 좋을까요?

부모님과 지도자, 교사로부터 이런 질문을 자주 받습

니다. 결론부터 말하면, 아이의 성향에 맞는 말 걸기가
필요합니다.

아이가 어떤 문제에 집중하기를 바라며 "너라면 할
수 있단다"라고 부모가 말했을 때 어떤 아이는 '그래,
맞는 말이야' 하고 의욕을 내는 반면, 어떤 아이는 '알
지도 못하면서…' 하며 반항심을 가지고, 또 어떤 아이
는 '일일이 간섭하지 마' 하며 귀찮아합니다.

이렇게 아이마다 다양한 반응이 나타나는 건 성향이
다르기 때문이지요. 같은 말을 건네도 효과가 큰 성향,
효과가 작은 성향, 혹은 역효과가 생기는 성향의 아이
도 있습니다.

그리고 이 유형은 주로 '4가지'로 나누어집니다.
저는 지금까지 8,000명이 넘는 아이들과 마주하고
뇌과학과 심리학에 기초한 트레이닝을 실시하여 아이
들의 멘탈을 개선해 왔습니다. 그리고 동아리 활동 전
국대회 우승, 고시엔 결승 진출, 올림픽 금메달 획득 등

다양한 성과를 남길 수 있었습니다.

그 방대한 실천 속에서 연구하고 이끌어낸 것이 이 책에서 말하는 4가지 유형입니다.

이 책은 효과 있고 힘이 되는 말을 엄선하여 바로 실천할 수 있는 형태로 소개하고 있습니다. 고시엔에 출전한 고교 야구선수나 올림픽 메달리스트를 지도할 때도 실제로 사용하고 있는 말입니다.

상황별 구성이기 때문에 다양한 상황에서 어려움을 만났을 때 필요에 따라 선택해서 적용할 수 있습니다.

어릴 때는 특히 유형이 뚜렷하게 드러나는 경향이 있습니다. 그 이유는 경험에서 어른과 차이가 나기 때문입니다.

일반적으로 아이는 어른보다 인생 경험이 적고 중요한 역할을 맡게 되는 기회도 적을 것입니다. 그러나 성장하며 다양한 경험을 하기 때문에 성향도 변하는 것입니다.

경험이 적은 아이는 더 뚜렷하게 유형에 차이가 나타납니다. 그렇기 때문에 유형별 접근법이 효과적이며 꼭 필요하다고 생각합니다.

그에 비해 어른은 네 가지 유형이 균형 있게 들어 있는 것이 가장 좋습니다.

모든 유형에 익숙해지면 다양한 유형의 사람들 마음도 이해할 수 있고 커뮤니케이션도 원활해지니 독자 여러분도 꼭 유형 진단을 해 보시길 바랍니다.

아이는 주변 사람의 영향을 많이 받습니다.

부모와 지도자가 어떻게 대하는지에 따라 좋은 방향으로 흐르기도 하고 나쁜 방향으로 흐르기도 합니다.

'나쁜 아이가 아니었는데 부모 때문에 빗나가버렸다.', '뛰어난 재능이 있었지만 감독 때문에 잘못됐다.' 자주 듣는 이야기일 겁니다.

그렇게 되지 않기 위해서는 부모님과 지도자가 적절한 말을 해 주는 것이 필요합니다.

이 책을 통해서 가장 좋은 말 건네기, 가장 좋은 다가

서기 방법을 익혀 보세요.

현대를 사는 아이들은 스트레스에 노출되는 일이 많고 마음의 병을 안고 있는 경우도 늘고 있습니다.

10년 전의 아이들과 비교하면 근본적인 개성에는 변함이 없지만 후천적인 성격 부분은 차이가 보입니다.

최근 10년 동안 여러 재해나 생활에 큰 변화를 가져온 사건이 많았는데, 아무래도 그런 부정적인 환경의 변화로 인해 미래에 대한 불안이 커졌거나 마음을 닫아버린 영향이 아닐까 합니다.

어떤 의미에서는 환경 때문에 아이가 자유롭게 활동하지 못하는 상황도 있습니다. 그건 아이 탓도, 어른 탓도 아닐 것입니다. 다만 환경이 변해도 본래의 개성은 변하지 않으니 아이의 유형을 제대로 이해하고 유형에 맞는 양육법을 실천하다 보면 아이의 균형 잡힌 성장을 도울 수 있을 겁니다.

어른들이 건네는 말 한마디로 아이들은 미래를 향해

능동적으로 나아갈 수 있습니다.

이 책의 내용대로 아이들을 지도해 보세요.
부모와 지도자도 함께 성장할 수 있습니다.

4가지 유형 진단 체크리스트

다음 페이지의 질문 14개에 답해 주세요.

어떤 알파벳이 많은지로 유형을 진단합니다.

한 문제당 5초 이내로 가능한 한 빨리, 직감적으로 선택해 주세요.

자녀 스스로 답하도록 하는 게 가장 좋지만 어려운 경우는 부모님이나 지도자 및 교사가 대상 아이를 떠올리면서 답해도 됩니다.

그래도 판단하기 어려운 경우엔 모든 유형의 특성을 다 읽은 후 대상 아이에게 해당할 것 같은 유형을 선택해 주세요.

유형끼리 성격이 잘 맞는지 알 수 있는 항목도 있으니 독자 여러분도 꼭 한 번 진단해 보시기 바랍니다.

✅ 커뮤니케이션과 행동

- ☐ **A** 다양한 사람과 사이좋게 지낼 수 있다.
- ☐ **B** 특정한 사람과 관계를 맺는다.

- ☐ **A** 생각한 일을 바로 말한다.
- ☐ **B** 생각한 일을 바로 말하지 않는다.

- ☐ **A** 밝고 재미있는 사람이라는 평가를 받는다.
- ☐ **B** 침착하고 분명한 사람이라는 평가를 받는다.

- ☐ **A** 여러 방면에서 활동적이다.
- ☐ **B** 별로 활동적이지 않다.

- ☐ **A** 말이 자주 바뀐다.
- ☐ **B** 말이 일관되어 있다.

- ☐ **A** 이상과 미래를 이야기하는 일이 많다.
- ☐ **B** 현실적인 이야기를 하는 일이 많다.

- ☐ **A** 행동으로 바로 옮긴다.
- ☐ **B** 깊이 생각하고 나서 행동으로 옮긴다.

A의 개수 ☐   **B**의 개수 ☐

C의 개수 ☐   **D**의 개수 ☐

✅ 일에 대한 자세

〰〰〰〰〰〰〰〰〰〰〰〰〰〰〰〰〰〰〰〰〰〰〰〰〰〰〰〰〰〰〰〰

- [ ] **C** 자신의 견해, 인식을 중요시한다.
- [ ] **D** 데이터나 주변의 평가를 중요시한다.

- [ ] **C** 자신은 어떻게 하고 싶은지를 생각한다.
- [ ] **D** 현 상황을 파악하고 나서 생각한다.

- [ ] **C** 약속을 잊어버리는 편이다.
- [ ] **D** 약속을 잘 지키는 편이다.

- [ ] **C** 호의적으로 받아들이는 경향이 있다.
- [ ] **D** 비판적으로 받아들이는 경향이 있다.

- [ ] **C** 열의를 가지고 노력한다.
- [ ] **D** 냉철하게 노력한다.

- [ ] **C** 결단이 빠르다.
- [ ] **D** 결단이 느리다.

- [ ] **C** 실패를 신경 쓰지 않는다.
- [ ] **D** 실패를 오래 가지고 간다.

어떤 알파벳이 많은지에 따라 아래 유형으로 나눠집니다.

A + C = 불의 유형(p.36)

A + D = 바람의 유형(p.70)

B + C = 물의 유형(p.102)

B + D = 땅의 유형(p.136)

본문에서 유형별로 상세하게 설명합니다.

PART 1

성향에 맞게 다가가면
아이는 부쩍 성장한다

01

각각의 성향을 알면
멘탈이 강해진다

저는 멘탈 코치로서 멘탈 트레이닝과 코칭을 하고, 마음과 뇌에 대해 공부하면서 한 가지 사실을 직면하게 되었습니다.

바로 '같은 말을 똑같이 전하는데, 왜 사람마다 받아들이는 모습이나 받아들인 후의 행동이 다른 걸까?' 하는 것입니다.

이 의문을 풀기 위해 연구하는 과정에서 어떤 사실을 깨닫게 되었습니다.

사람마다 반응 유형이 다르다는 것이죠.

그리고 그건 본래 가지고 있는 '개성'에 따른 차이라는 걸 알게 되었습니다.

개성은 성격과 비슷하지만 조금 다릅니다. 그 차이를 설명하기 위해서 흔히 '현재의식(顯在意識)'과 '잠재의식(潛在意識)' 이야기를 하는데, 우리가 평소에 의식해서 판단하거나 자각하는 일은 현재의식에 의한 것입니다. 그리고 지금까지의 기억이나 습관으로 자리하고 있는 일, 자각하지 못하는 일은 잠재의식에 의한 것이지요.

이와 같이 현재의식은 '성격'이고 잠재의식은 '개성'에 해당합니다. 즉, 성격은 표면적인 것이고, 개성은 타

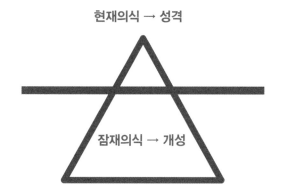

고난 성향이라는 의미입니다.

그러므로 성격을 보는 것이 아니라 개성을 꿰뚫어 보는 것, 그리고 그 개성에 맞게 대하는 방식이 필요합니다.

02

4가지 유형으로
나누어진다

심리학이나 뇌과학에 기초한 멘탈 코칭을 해나가는 동안, 아이의 유형에 따라 어떻게 대하면 좋을지를 연구하는 과정에서 아이는 크게 4가지 유형으로 나누어진다는 걸 알게 되었습니다.

구체적으로 가장 먼저 '행동이 빠른가, 느린가', 그리고 '감정적인가, 이성적인가' 하는 두 개의 축으로 분류했습니다. 그리고 다음 그림과 같이 4가지 유형으로 나누어 가정하고, 수천 명의 아이를 지도하면서 검증한

결과 이 분류가 틀리지 않았다는 걸 확신하게 되었습니다. 유형별로 이름을 붙이면

행동이 빠르고 감정적인 아이 = 불의 유형

행동이 빠르고 이성적인 아이 = 바람의 유형

행동이 느리고 감정적인 아이 = 물의 유형

행동이 느리고 이성적인 아이 = 땅의 유형

대략적인 분류이기 때문에 스스로 진단할 경우 이 책 첫머리에 있는 체크리스트로 유형 진단을 해 보세요.

4가지 유형의 성향

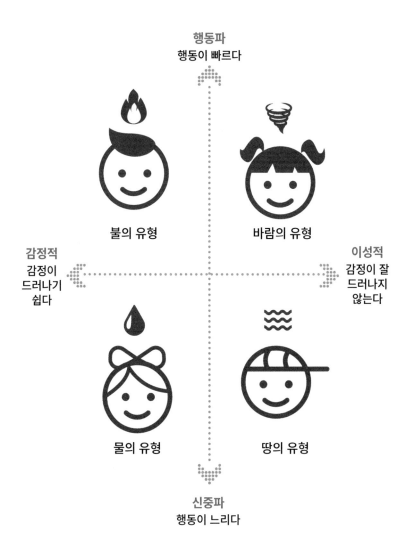

행동파
행동이 빠르다

불의 유형

바람의 유형

감정적
감정이
드러나기
쉽다

이성적
감정이 잘
드러나지
않는다

물의 유형

땅의 유형

신중파
행동이 느리다

27

03

유형에 맞는 접근법으로
효과를 높인다

저는 4가지 유형별로 각각 접근법을 달리하여 지도한 결과 8,000명이 넘는 초중고생, 그리고 젊은 운동선수들의 의욕을 끌어올려 경기력 향상으로 이끌 수 있었습니다.

제101회 전국 고교야구선수권대회에서 준우승을 달성한 세이료고교의 에이스였으며, 현재는 도쿄 야쿠르트 스왈로즈에서 활약하고 있는 오쿠가와 야스노부 선수도 그중 한 사람입니다.

오쿠가와 선수는 네 가지 유형 중 '불의 유형'이었습니다.

불의 유형은 매사에 적극적으로 대처하며 행동이 빠르다는 특징이 있습니다. 그 반면 자기중심적이고 자신의 의견을 굽히지 않는 면도 있습니다.

어떤 일이든 스스로 나서서 도전하는 유형으로 의지도 강하기 때문에 그런 부분에 대해서는 지도할 것이 거의 없었습니다.

능동적으로 행동하며 해야 할 일을 할 때는 주위를 신경 쓰지 않기 때문에 투수로서 대단히 좋은 특성을 가졌다고 말할 수 있습니다.

다만 개성이 강하게 표출될 때는 자기주장이 지나치게 강한 면도 있습니다. 경기가 잘 풀리지 않을 때는 두드러지게 침울해지거나 표정이 어두워지는 등 태도로 나타나는 때도 있었습니다. 오쿠가와 선수의 우수함은 팀원 모두가 알고 있지만, 좀 더 주위를 배려해야 한다는 생각을 하지는 못한 것이지요.

그래서 저는 "자신의 행동이 팀에 미치는 영향을 생

각해 보자"고 말하며 팀원들에게도 신경을 쓰도록 조언했습니다. 구체적으로는 "컨디션이 좋지 않을 때도 일부러 웃음을 지어 보자"고 지도했습니다.

그 후로, 그는 위기 때도 변함없는 웃음으로 승부의 장에서 몇 번이고 승리를 견인해 주었습니다.

단순한 일이지만 웃음을 잃지 않는 태도로 주위에 중압감을 주지 않은 덕분에 모두가 '그럼 나도 해 봐야지!' 하고 긍정적인 마음을 다잡은 겁니다.

그리고 또 하나, 그는 겉보기에는 의젓해 보였지만 마음속에 열정을 간직하고 있는 소년이었습니다. 그래서 기쁠 때 동작을 크게 표현해 보도록 권했지요.

예를 들면, 삼진을 잡았을 때 주먹을 머리 위로 치켜들고 승리의 포즈를 취한다거나 팀원이 좋은 경기를 펼쳤을 때 마음껏 박수를 보내고 함성을 질러 보라고 주문했습니다. 의식적으로 그런 긍정적 표현을 하면서 결과적으로 팀 전체 분위기가 좋아졌고, 스스로도 최상의 안정감을 얻을 수 있었습니다.

다행히 오쿠가와 선수 같은 불의 아이는 선두에 서서 행동하는 걸 좋아하는 특징도 있어서, 모두를 이끌어가기 위한 저의 조언에 흔쾌히 따라와 주었답니다. 만약 자신만의 방식으로 행동하는 물의 유형 선수였다면 귀찮다고 생각했을 겁니다.

그런 아이에게는 또 다른 말을 건네는 전략이 필요합니다.

04

개성을 지나치게
단정 짓지 않는다

우리 주변에는 4가지로 분류된 것이 많습니다. 대표적인 건 혈액형이지요. 혈액형은 A, B, O, AB로 분류됩니다.

그 밖에도 계절(봄여름가을겨울), 방위(동서남북), 방향(전후좌우), 사칙(덧셈뺄셈곱셈나눗셈)을 들 수 있습니다. 이렇게 보면 4가지로 분류되는 것이 의외로 많다는 걸 깨닫게 됩니다.

그러나 4가지로 분류하는 것 자체가 중요하다는 건 아닙니다. 인간을 여기에서 든 예처럼 명확하게 분류하기는 어려우니까요.

4개의 개성은 반드시 서로 어우러집니다.

어느 하나가 돌출해서 단독으로 나타나는 일은 드물며, 누구나 4가지 개성의 조합으로 구성되어 있기 때문에 각각의 특성을 지니고 있습니다.

따라서 특정한 개성으로 단정 지을 게 아니라 잘 관찰해서 어떤 개성이 강하게 발현되는지를 찾아내는 게 중요합니다.

하지만 '관찰해도 잘 모르겠다', '어느 정도 개성을 판별할 방법이 없을까?'라는 생각도 들 것입니다. 그래서 체크리스트(17p)를 준비했습니다.

체크는 스스로 하도록 합니다. 대개 우위성이 있는 개성이 발견될 겁니다.

아이가 스스로 할 수 없다면 부모님이 자녀를 떠올리면서 체크해도 어느 정도는 맞습니다.

그리고 잘 관찰하여 앞에서 이야기한 '행동이 빠른가, 느린가', '감정적인가, 이성적인가' 하는 두 가지 관점으로 분류해 봅시다.

또, 아이뿐 아니라 부모님과 지도자 스스로도 체크해 보길 권합니다. 성인은 아이만큼 뚜렷하게 특징이 나타나기는 어렵지만, 어느 한 유형으로 분류되기는 합니다.

아이와 성격이 잘 맞는지 알 수 있는 항목도 준비해 두었으니까 꼭 시도해 보시길 바랍니다. 이 책을 읽고 아이와 부모, 선생님 모두 함께 성장해 가기를 바랍니다.

PART 2

불의 유형과의
대화법

불의 유형

목표를 향해서
힘차게 나아가는
열정적인 타입

불의 유형이 지닌 개성은 타오르는 불꽃에 비유됩니다. 높은 이상과 야망, 용기 등을 상징하지요. 적극적이며 열정이 넘치고, 밝고 활기차게 행동하며 직감적입니다.

때로는 공격적인 말과 행동을 하는 일도 있지만, 그런 만큼 그 이면은 새로운 것을 만들어내고 답보 상태를 돌파해가는 강한 힘이 되기도 합니다.

순간온수기같이 단숨에 의욕이 불타올랐다가 곧 사그라지는 경향이 있습니다.

자기긍정감이
높고
남에게 의존하지
않는다

허세를 부리고
자만심이 강해서
소외되는
경우도 있다

새롭게 어떤 일을
시작하는 데
뛰어나다

자기중심적이며
자신의 의견을
굽히지 않는다

전례가 없는
일에 도전하거나
선두에 서서
행동하기를
좋아한다

논의나 승부를
좋아하고
명확한 의견을
단도직입적으로
내세운다

불(火)

 불의 유형 유명인과 운동선수

하뉴 유즈루(피겨스케이트선수), 이노우에 니오야(복서), 사토 다케
루(배우), 히라노 미우(탁구선수), 혼다 마린(피겨스케이트선수) 후
지타 나나코(일본중앙경마회 소속 기수)

- 어떤 일을 새롭게 시작하는 데 뛰어나다.
- 전례가 없는 일에 도전하거나 누구보다 앞서서 달려나가기를 좋아한다.
- 열정적이고 적극적이다.
- 논의나 승부를 좋아하고 명확한 의견을 단도직입적으로 내세운다.
- 자기긍정감이 높고 남에게 의존하지 않는다.
- 용기가 넘치고 모든 일에서 선두에 서려고 하는 의욕이 있다.
- 명랑하며 밝은 에너지를 발산하여 주위 사람들을 즐겁게 한다.
- 미래지향적이고 가능성을 믿으며 새로운 시도를 즐긴다.

- 자기중심적이며 자신의 의견을 굽히지 않는다.
- 심한 말을 해서 상대에게 상처를 주기도 한다.
- 인내력이 부족하고 호전적이다.
- 항상 최고가 되고 싶어 한다.
- 허세를 부리고 자만심이 강해서 소외되는 경우도 있다.
- 자기를 정당화하고 거만한 태도를 보이기도 한다.
- 쉽게 불타오르고 쉽게 식어버린다.

01
목표 달성을 위한 접근법

긍정적인 말과
어드바이스를 함께 전하자

불의 유형은 모든 일에 적극적이며 열정을 가지고 노력합니다.

스스로 목표를 세우고 힘을 다해 노력해나가며 목표를 향한 새로운 아이디어도 스스로 생각해냅니다. 가만두어도 목표를 향해서 돌진해나가는 경향이 다분하지요.

다만, 자신이 하는 일이 인정받지 못한다고 느끼면 쉽게 식어버리는 경우가 있으니 평소에 목표를 향한 행동을 하고 있는지 정확히 관찰하는 것이 좋습니다. 그리고 목표를 향한 행동을 잘하고 있으면 "잘하고 있구나." 하고 인정해 주도록 합니다.

만약 하는 일이 잘못된 것 같으면 "열심히 하고 있구나."라고 먼저 인정해 주고 나서

"이런 방법으로 하면 좀 더 향상될 것 같아."

"○○를 해 보면 어떨까?"

이런 말로 명확한 어드바이스를 해 주세요.

다른 사람이 제시하는 새로운 관점은 순순히 받아들이는 유형이기 때문에 바로 행동으로 옮길 겁니다.

'인정해 주고 어드바이스한다.'

이것이 목표를 향해 힘차게 나아가는 열쇠가 됩니다. 불의 아이에게는 하고 있는 일을 계속 인정해 주면서, 목표를 달성하도록 격려하고 응원해 주세요.

격려의 말을
건네자

기본적으로 불의 유형은 실패해도 오래 끌고 가지 않습니다. 다른 유형과 비교해도 그다지 우울해지는 경향이 적고, 스스로 실패를 딛고 일어서는 것을 잘하는 편입니다.

그리고 자신이 옳다고 생각하는 유형이기 때문에 어드바이스해 주어도 순순히 받아들이지 않습니다. 하지만 심하게 우울해할 때는 긍정적인 격려의 말을 건네면 상황이 좋아지는 계기가 될 수 있지요.

"너에겐 능력이 있으니까 그걸 살려가자."

"너라면 할 수 있어."

이런 직접적이고 긍정적인 말이 효과가 있습니다.

반대로 실패한 일에 대해

"무슨 짓을 하는 거니?"

"왜 못하는 거야?"

이렇게 비난하는 말은 절대로 하지 말아야 합니다. 자기 자신을 좋아하고 고집이 센 유형이기 때문에 신뢰 관계를 해칠 가능성이 있거든요.

불의 아이는 신뢰 관계가 강하지 않으면 쉽게 사람을 따르지 않습니다. 그래서 신뢰 관계가 깨졌을 때는 자녀 양육에서도 스포츠 지도에서도 어려움이 생기곤 하지요.

불의 아이가 우울할 때는 긍정감을 되찾도록 격려해 주는 게 가장 효과적입니다.

03
순조로울 때는 이렇게

객관적으로 자신을
바라보도록 한다

불의 유형은 순조로울 때, 좋게 말하면 기분이 좋아져서 밝게 행동하지만 나쁘게 말하면 우쭐거리다가 주위를 보지 못하는 경향이 있습니다. 혼자만의 생각으로 돌진하고 그런 만큼 예기치 않은 실패가 찾아오기 쉽죠. 자신도 모르는 사이에 주위로부터 반감을 살 때도 있을 겁니다.

주위를 바라보는 데 서툴기 때문에 부모와 지도자는 불의 아이가 객관적인 시각을 가지도록 이끌어 줄 필요가 있습니다.

"침착하게 주위를 살펴볼까?"

"다른 아이들이 어려움에 처할 때 네가 가르쳐 주면 어떨까?"

이런 말로 자신 이외의 사람에게 눈을 돌리도록 지도해 주세요.

불의 유형이 순조로울 때 부모와 지도자는 아이를 그대로 '방치'하는 경우가 있는데 절대 그래서는 안 됩니다. 자신이 정답이라고 생각하고 돌진해버리기 때문에, 그런 단점을 순간순간 깨우쳐 주는 적절한 말을 해 줘야 합니다.

배려심과 객관적인 시각을 가지도록 독려하는 말을 해 주면 아이도 조금씩 미숙한 부분을 고쳐갈 겁니다.

승부를 봐야 할 때는 이렇게

뛰어난 부분을
단도직입적으로 전한다

불의 유형은 승패가 걸린 중요한 상황에서도 그다지 중압감을 느끼지 않습니다.

감정이 드러나기 쉬운 성격이기 때문에 만약 아이가 불안한 모습을 보이면 단도직입적으로 말해 주는 게 좋습니다.

특히 그 아이의 가장 뛰어난 점을 칭찬해 주면 효과적입니다. 예를 들면

"넌 ○○가 최고니까 반드시 해낼 수 있어."

"○○를 잘하니까 자신을 가지고 해 봐."

같은 말입니다.

또 팀 스포츠인 경우

"네 힘으로 팀을 구해 줘."

같은 말에 정의감과 리더십이 불타오르는 타입이라 좋은 기량을 발휘할 겁니다.

반대로 이야기가 길어지거나 도대체 무슨 말을 하고 싶은 건지 알기 힘든 말은 피해야 합니다. 조바심이 나서 역효과를 가져올 수 있거든요.

단도직입적인 말로 격려하고 용기를 북돋아 주는 것이 중요합니다.

바람직한 꾸중법

호되게 혼내면
거부감이 심하니 주의하자

불의 아이는 꾸중할 때 조심하지 않으면 성질을 부리기 쉬우니 주의가 필요합니다.

호되게 혼내면 그만큼 반동이 크게 돌아오니까 불의 아이가 잘하고 있는 점을 함께 인정해 주면서 어드바이스하는 지혜가 필요하지요.

"잘하고 있는 건 알아. 하지만 이렇게 하는 게 더 좋아."

이렇게 부드럽게 말을 건네는 게 중요합니다.

불의 아이는 강하게 말할수록 엉뚱한 결과가 나오기 쉽습니다. 큰 다툼으로 이어지거나 단번에 신뢰 관계가 깨어질 우려도 있지요.

그러므로 부모와 지도자는 먼저 자신의 분노를 가라앉히는 것이 중요합니다.

또 불의 아이는 '최고가 되고 싶다'는 경쟁의식도 강하기 때문에

"이렇게 하면 넌 최고가 될 수 있어."

이런 말을 적절히 활용하는 것도 방법입니다.

불의 아이는 상대에게 존경할 수 있는 부분이 없으면 쉽게 신뢰하지 않습니다. 그러니 화가 나는 마음을 누르고, 되도록 침착하고 조용하게 어른스러운 대응을 하도록 유의할 필요가 있습니다.

06
좋은 칭찬법

"넌 이런 점이 최고구나"
본인이 모르는 장점을 칭찬하자

불의 유형은 '지위와 명예'에 대한 욕심이 있어서 최고라는 말에 좋은 자극을 받습니다.

먼저 아이가 최고가 될 수 있는 부분을 발견하는 게 중요하지만 어렵게 생각할 필요는 없어요.

예를 들면

"최고로 씩씩하구나."

"인사를 제일 잘하네."

"준비가 가장 빠르구나."

이같이 대단한 결과가 나오지 않더라도 좋은 점을 정확하게 칭찬하는 게 포인트입니다.

다만 우쭐대기 쉬운 유형이므로 본인도 잘 아는 걸 칭찬하는 건 피하도록 합시다.

"너 굉장하구나."

"좋아, 그런 상태."

이런 식으로 추상적으로 말하는 건 불의 아이에겐 와닿지 않습니다. 그렇게 막연한 부분을 들어 지나치게 칭찬하면 우쭐해져서 주위를 보지 못하는 경우도 있고요.

아이 스스로 간과하고 있는 좋은 부분을 놓치지 말고 "넌 이런 점이 최고야." 하고 분명하게 전달하도록 합니다.

07
의욕을 이끌어내기 위해서는

무조건 하라는
강요는 좋지 않다

불의 유형은 눈앞에 목표가 없으면 의욕이 생기지 않습니다. 단, 목표만 있다면 주저 없이 돌진하는 유형이기도 하지요. 그렇기에 먼저 '목표를 명확히 하는 것'이 중요합니다. 아이 자신이 목표를 잃어버린 경우라면 부모와 지도자가 목표를 만들어 주는 것도 좋겠지요.

"먼저 이걸 해 볼까?"

"너라면 여기서 최고가 될 수 있을 거야."

함께 목표를 찾겠다는 자세로 이렇게 말해 주세요.

기본적으로 스스로 목표를 설정하고 전력을 다해 나아갈 수 있는 유형이기 때문에

"이렇게 해."

"무조건 해."

이런 식으로 본인 의사를 무시하는 강요는 하지 말아야 합니다. 불의 유형은 남에게 지시를 받거나 구속되고 있다고 느낄 때 의욕을 잃기 쉬우니까요.

위에서 내려다보는 시선으로 강요하듯 충고하는 게 아니라, 그 아이가 최고가 될 수 있는 일이나 장점에 초점을 맞추어 목표를 설정해 주기 바랍니다.

08
적극적인 참여를 이끌어내려면

본인이 원하는
아이디어를 내 보라고 한다

불의 유형은 '그 일을 하면 즐거울 것 같다'고 느낄 때 행동으로 이어갑니다.

당연히 그 일에 기대를 하게 해서, 자신이 즐거움을 느끼도록 하는 것이 관건이겠죠.

영감이 많은 유형이기 때문에 매일 하는 청소나 학교 행사 등, 뭔가 어떤 일에 적극적으로 참여하게 하고 싶을 때는 아이디어를 내 보도록 자극을 주는 것도 하나의 방법입니다.

"너라면 어떻게 할 거야?"

"지금까지 없던 새로운 아이디어라면 어떤 게 있을까?"

이런 말로 아이가 주체적으로 행동할 수 있도록 적극적인 참여를 유도해 보세요.

또 여러 번 말했듯이 불의 아이는 최고를 좋아합니다. 청소를 할 때

"바닥 닦기는 네가 제일 빠르구나."

이런 식으로 칭찬해서 자극을 주는 것도 좋답니다.

남들과 똑같은 일은 별로 하고 싶어 하지 않는 유형이기 때문에 그 일에 관련된 '의미'와 '목적'을 명확하게 하는 게 중요합니다.

09

신뢰 관계를 쌓으려면

지도자 스스로
실천하는 모습을 보여야 한다

불의 유형은 '존경'할 수 있는 면을 가지고 있는 사람을 신뢰합니다.

기본적으로 자신이 최고라고 생각하는 타입이지만, 뒤집어 말하면 '이 사람 굉장하구나'라는 생각이 들면 신뢰 관계가 한층 깊어지죠.

자신은 못 하면서 말만 앞서는 사람은 따르지 않기 때문에 지도자 스스로 먼저 실천하는 모습을 보여 줄 필요가 있습니다. 특히 스포츠 지도나 교육 현장에서 말만 앞서고 행동이 따르지 않으면 소용없으니 지도자가 확실한 '기술'과 '지식'을 가지고 있는 것이 매우 중요합니다.

사실 불의 유형은 지도자에게 친근감이나 허물없는 느낌을 그다지 기대하지 않습니다. 향상심(향상되려고 하는 마음)이 강하기 때문에 그 사람 밑에서라면 자신이 성장할 수 있겠다고 느끼는 사람을 신뢰하는 거니까요.

그러니 가능한 아이보다 뛰어난 면을 보여 주세요.

"그건 나도 몰라."

"나는 못 하지."

이렇게 말하는 건 좋지 않습니다.

우습게 볼 우려가 있으니까요.

10
어려움을 극복하게 하려면

우선순위를 매겨서
'선택과 집중'을 하게 하자

불의 유형은 어떤 일을 동시에 진행하는 걸 가장 어려워합니다. 커다란 목표를 향해 앞만 보고 돌진하지만, 그 외에 해야 할 일엔 소홀해지는 경향이 있죠.

세세한 부분까지 신경을 쓰지 못하고 꾸준히 하는 걸 어려워하기 때문에, 눈앞의 과제나 해야 할 일들이 뒷전이 되기 쉽습니다.

부모와 지도자는 이것저것 도전하게 하기보다 일에 우선순위를 매겨 주는 것이 좋습니다.

우선순위를 매긴 후 하나씩 착실하게 해나갈 수 있도
록 지도해 주세요.

　"지금 제일 중요한 일은 뭘까?"

　이렇게 물어서 우선순위를 매기게 한 뒤

　"처음엔 이걸 해 보자. 그걸 다 하면 다음엔 이거."

　이렇게 지도하고 '하나씩 해나가는 자세'를 익히도록
하는 게 중요합니다.

　'선택과 집중'을 할 수 있다면 불의 아이는 금방 성장
하는 모습을 보일 겁니다.

11
자신감을 키워 주기 위해서는

무조건
긍정해 주자

불의 유형은 대부분 자신감 있는 아이가 많습니다.

무리해서 자신감을 갖게 할 필요는 없지만, '하고 있는 일'이나 '잘하고 있는 일'에 대해서는 칭찬하고 응원해 주면 더욱 자신감이 생겨서 앞으로 나아갈 힘을 내지요.

예를 들어 불의 아이가 어떤 일을 열심히 하는 모습을 봤을 때는

"제대로 집중하고 있구나."

"노력하는 네 모습이 주위 사람들에게 좋은 본보기가 되고 있단다."

이런 말로 아이가 하는 일을 확실하게 인정하고 긍정해 주면 좋은 자극이 될 겁니다.

그러기 위해서 평소에도 아이가 목표를 향한 노력을 하고 있는지 제대로 관찰할 필요가 있지요. 또

"좋아."

"굉장하구나."

이런 말을 해 주는 것도 효과적이니, 평소에 의식적으로 칭찬을 자주 건네도록 합시다. 반대로

"자신감을 가져."

같은 말을 하면 '이미 난 자신감은 있는데…'라고 생각하며 어찌할 바를 몰라 할 수도 있으니 주의해야 합니다.

항상 인정해 주는 마음을 가지고 불의 아이가 모든 일에 충분히 자신감을 가질 수 있도록 이끌어 주기 바랍니다.

다른 유형과의 친화도

◇ 불의 유형 + 불의 유형

불의 유형끼리는 서로 편하게 신뢰 관계를 쌓는 편입니다.

다만 어느 한쪽이 화가 나면 큰 싸움으로 번지기 쉬우니 충분한 주의가 필요합니다.

◇ 불의 유형 + 바람의 유형

바람의 유형과의 관계성은 좋은 편입니다. 바람의 유형 쪽이 밝게 대하면 불의 유형도 그에 맞춰 행동하는 관계이니, 언제나 칭찬하는 걸 잊지 말아야 합니다.

바람의 유형은 변덕이 있어서 "어? 내가 그런 말을 했던가?" 하는 경향이 많습니다. 불의 아이와 한 약속을 잊어버리면 단번에 신뢰 관계가 깨지니 주의해야 합니다.

◇**불의 유형 + 물의 유형**

물의 유형은 침착하고 안정적이기 때문에 힘차게 나아가는 불의 유형의 행동을 수용할 힘이 있습니다.

불의 유형은 열정을 밖으로 드러내지만, 물의 유형은 열정을 안에 숨기고 있는 유형입니다. 물의 유형이 들어 주는 역할을 해 준다면 관계는 순조로울 겁니다.

주의할 것은 물의 유형은 무관심해지기 쉽다는 점입니다. 불의 아이는 자신에게 주목하기를 바라는데 그런 부분을 간과하면 둘의 사이가 크게 벌어질 수 있습니다.

적당히 건성으로 받아넘기다가는 상황을 악화시키기 쉬우니 아이가 하는 말에 관심을 가지고 다가가도록 합니다.

◇**불의 유형 + 땅의 유형**

불의 유형과 땅의 유형은 대칭적인 관계로 서로 이해하지 못하는 부분이 있습니다.

불의 아이는 목표를 향해서 쉼 없이 나아가는 긍정적

인 성향이지만, 땅의 유형은 그와 반대로 부정적인 경향이 있으며 좀처럼 행동으로 옮기지 않지요. 불의 유형에게 설교 같은 말을 함부로 하면 불의 유형 아이는 그걸 참아내기 어려울 수도 있습니다.

이럴 경우 불의 유형이 계속해서 되받아 말하는 걸 잠시 진정시키는 게 중요합니다. 불의 유형에겐 감정적으로 대응하지 말고 '지식'으로 전하는 것이 좋습니다.

불의 유형 아이 지도 사례

　2019년 저팬오픈의 단식 · 복식에서 우승을 달성한(일본 여자 테니스계 16년 만의 쾌거) 여자 프로 테니스의 히비노 나오 선수는 불의 유형입니다.

　전력을 다해 나아가는 경향이 있고 열정도 강하지만, 쉽게 불타올랐다가 금방 식어버리는 성향도 함께 가지고 있죠. 목표를 향해 노력할 때는 문제가 없지만, 성적이 저조할 땐 실망해서 무너지는 폭이 클 때가 있었습니다.

　그렇다 보니 시합에 져서 괴로워할 때나 자신에게 실망하고 있을 때는 다른 곳으로 주의를 돌리게 해 줄 필요가 있었습니다.

　예를 들어 멘탈 코칭 때는 "목표가 뭐였지?", "무엇을 위해서 하고 있어?"라고 물으며 선수가 자신의 목표를 재확인하도록 주의를 기울였습니다.

　히비노 선수는 2019년 저팬오픈 때는 멋지게 우승을 달성했지만, 사실 이전 대회에서는 패배가 이어지고 있었습니다. 그래서 그녀에게 다시 한번 목표를 재확인하도록 했습니다.

그때 히비노 선수가 한 말이 "내가 활약함으로 일본에서 테니스를 하는 아이들에게 용기를 줄 수 있다. 그러기 위해서 일본에서 개최되는 저팬오픈에서 우승하겠다."는 다짐이었습니다.

일본에서는 4대 대회 이외의 대회는 그다지 화제가 되지 않기 때문에 자신이 큰 대회에서 주목을 받아서 테니스의 인지도를 높이고 싶다는 강한 의지를 재확인한 것입니다.

한번은 저팬오픈이 시작되기 전에 히비노 선수가 제게 "시합을 지켜봐 줬으면 좋겠다."고 했습니다. 하지만 스케줄을 확인해 보니 결승전 때 말고는 시간을 낼 수 없었죠.

그녀는 제 말을 듣더니 "결승까지 가야겠네요."라며 더욱 결의에 찬 모습을 보였습니다. 그런 동기부여가 틀림없이 히비노 선수가 결승까지 가는 힘이 되지 않았을까 생각합니다. 저를 위해서라기보다 목표가 명확해진 것이 승리를 가져온 큰 요인이 되었겠지요.

이렇듯 불의 유형은 힘차게 돌진하는 타입이지만, 주변에서 불의 유형의 목표를 재확인하도록 지도하는 역할이 꼭 필요합니다. 그렇게 하면 더욱더 발전해나갈 게 분명합니다.

PART 3

바람의 유형과의
대화법

바람의 유형

자유분방하고
사교적인 타입

바람의 아이는 행동력이 있고 움직임이 신속합니다. 자유분방하며, 폭넓고 가벼운 관계를 선호하지요. 또, 일과 상황을 객관적으로 바라보고 감정을 섞지 않고 표현합니다.

성격은 시원시원하고 쿨한 인상을 주지만, 한편으로 지구력이 부족하고 속박을 싫어하는 경향이 있습니다.

지적이고 유머가 풍부하다

침착함이 부족하고 우유부단하다

변덕스럽고 매사가 어중간해진다

정의감이 강하고 타협하지 않는다

사람에게 관심이 많고 타인에게 맞추는 적응성과 순응성이 높다

호기심이 왕성하고 행동력이 있다

바람(風)

 ## 바람의 유형 유명인과 운동선수

구보 다케후사(축구선수), 하치무라 루이(농구선수), 이치로(야구선수), 오사카 나오미(테니스선수), 다카나시 사라(스키점프선수), 이토 미마(탁구선수)

장점

〉 순수하고 호기심이 왕성한 행동파로 활기차게 활동한다.

〉 마음먹으면 바로 행동으로 옮기고 네트워크를 만들어간다.

〉 지적이고 유머가 넘치며 논리적으로 생각한다.

〉 시원하고 경쾌하며 행동력이 있다.

〉 정보를 빠르게 포착하며 커뮤니케이션 능력이 뛰어나다.

〉 사람에게 관심이 많고 타인의 생각에 맞추는 적응성이나 순응성이 높다.

〉 정의감이 강하고 타협하지 않는다.

단점

〉 변덕스럽고 싫증을 잘 낸다.

〉 언행이 신중하지 못하고 꾀가 많다.

〉 겉과 속이 다르다.

〉 침착함이 부족하고 우유부단하다.

〉 주위에 휩쓸리기 쉽다.

〉 책임감이 부족하다.

〉 억지로 강요하면 반발한다.

〉 독특한 사람으로 여겨지기도 한다.

01
목표 달성을 위한 접근법

누군가를 위해서라는
마음이 생기게 하자

바람의 유형은 변덕스러운 성격으로 싫증을 잘 냅니다. 목표를 정해도 어중간하게 끝나는 일이 있고, 도중에 다음 목표로 옮겨버리는 일도 많은 타입이죠.

요령이 좋아서 뭐든지 해낼 수 있으며, 어느 정도의 일은 금방 할 수 있기 때문에 쉽게 싫증을 내는 겁니다. 어떻게든 목표를 달성하려고 하는 의욕이 부족해서 본인이 즐거운 쪽으로 관심이 쏠리기 쉽습니다.

다만 바람의 아이는 '누군가를 위해서'라는 마음이

생기면 행동으로 강하게 이어집니다. 예를 들어

"목표를 달성하면 기뻐할 사람은 누굴까?"

이런 질문으로 그 대상을 상상하게 해 줄 때 계속해서 목표를 향해 나아가는 타입이지요.

그러니 목표를 향해 나아가는 모습을 보면

"즐겁게 노력하고 있구나."

등의 말을 건네 줍시다.

다만 부모가 목표를 정해 주는 건 좋지 않습니다. 누군가가 정해 준 목표에는 쉽게 싫증을 내거든요. 어디까지나 자발적으로 목표를 정하도록 자극을 주는 것이 좋습니다.

02
실패했을 때의 대처법

왜 실패했는지를
함께 고민해 준다

바람의 유형은 일반적으로 실패를 오래 끌고 가지 않습니다. 좋게 말하면 자세 전환이 빠르다고 할 수 있지만, 나쁘게 말하면 같은 잘못을 반복하는 일이 많은 유형이죠.

그러나 논리적인 사고를 하기 때문에 이유를 알면 반복하는 일도 줄어듭니다.

같은 실패를 반복하지 않기 위해서는

"왜 실패했을까?"

"원인이 무얼까?"

이런 질문을 건네서 실패의 원인을 함께 생각해 보는 것이 중요합니다.

각자의 의견을 활발하게 교환하면서 논리적으로 서로 이해할 수 있으면 좋겠지요.

바람의 아이가 실패했을 때는 비난하면 안 됩니다.

"같은 실수를 몇 번이나 하는 거야!"

"그만 좀 해!"

이렇게 감정적으로 말하면 기분만 나빠질 뿐 좋은 자극으로 이어지지 않습니다.

신뢰 관계도 단번에 약해져 버리기 때문에 주의해야 합니다.

03
순조로울 때는 이렇게

목표나 하고 싶은 일을
재확인시키자

바람의 유형은 순조로운 상태일 때 그걸로 만족해버리는 경향이 있습니다. 문제가 없을 때도 있지만, 향상심이 없어지고 목표를 잃기 쉽지요.

이럴 때 부모와 지도자는 다시 한번 목표를 명확하게 해 줘야 합니다.

목표 지점을 재확인시켜야 하는데, 예를 들면

"그럼, 목표를 다시 한번 확인해 볼까?"

"하고 싶은 일이 뭐였지?"

이런 말을 건네면 효과적입니다.

반대로, 바람의 아이가 의기양양한 태도를 보이더라도 부정적인 말을 하는 건 삼가야 합니다.

"뭘 하는 거니? 우쭐대지 마."

"넌 자세가 틀렸어."

이렇게 기세를 꺾는 말은 바람의 아이에겐 도움이 되지 않습니다.

어떤 유형보다 무시당하는 걸 싫어하기 때문에, 신뢰 관계를 유지하기 위해서라도 주의가 필요한 부분입니다.

04
승부를 봐야 할 때는 이렇게

기뻐할 얼굴을
떠올리게 하자

　바람의 유형은 승패가 걸린 중요한 상황에서도 그다지 중압감을 느끼지 않는 편입니다.

　다만 '못하는 사람', '못난 사람'으로 여겨지는 건 못 참는 성격이라서, 남이 자신을 어떻게 생각하는지에 민감하지요.

　남의 눈을 신경 쓰기 때문에 특정한 사람에게만 의식을 집중하게 해야 합니다. 가령 부모와 지도자가

"기뻐할 얼굴을 떠올려 보자."

이런 말로 이 상황에서 좋은 결과를 내면 기뻐할 사람이 누구인지에 집중하도록 유도합니다. 소중한 사람을 떠올리면 힘을 발휘하는 성향이 있으니까요.

반대로

"모두가 네 활약을 기대하고 있어."

"너한테 달려있어."

이런 말은 중압감을 느끼기 쉬우니 주의합시다.

지나치게 주위에 신경을 쓰면 역효과가 나는 타입이라서 특정한 사람만을 생각하도록 말을 건네는 섬세함이 필요합니다.

05
바람직한 꾸중법

감정적이 아니라
논리적으로 말하자

바람의 유형은 사람들 앞에서 창피당하는 걸 가장 싫어하는 타입입니다.

어떤 유형이든 당연히 싫어하는 상황이지만, 바람의 유형은 수치심에 특히 예민한 경향이 있어서, 순간적으로 반항적인 태도를 보이며 말을 듣지 않는 상황이 발생하곤 하지요.

그러니 꾸중을 할 때는 반드시 둘이 있는 장소를 마련하고 나서 주의를 주어야 합니다.

또 감정적인 꾸중은 역효과를 부를 수 있으니 논리적으로 설명해 주어야 합니다. 예를 들면

"이런 이유가 있으니까 그러지 않는 게 좋아."

"그렇게 하면 위험하니까 이렇게 해 보면 어떨까?"

이런 식으로 아이가 행동을 고쳐야 하는 이유를 알 수 있도록 하는 겁니다.

바람의 아이와 정기적으로 일대일로 대화할 장소를 마련해서 서로가 생각하고 있는 걸 함께 얘기해 봐도 좋습니다. 꾸중한다기보다 의견을 교환한다고 생각하면 침착하게 대화할 수 있을 겁니다.

명심하세요. 사람들 앞에서 나무라는 건 단정적으로 낙인을 찍는 것과 같기 때문에 절대로 해선 안 됩니다.

06
좋은 칭찬법

잘하는 것을
확실하게 칭찬한다

바람의 유형은 '잘하는 것'을 인정받는다고 생각하면 더욱 발전해나갑니다.

그러므로 평소에도 아이가 잘하는 행동을 세심하게 살펴보고, 그것을 정확하게 칭찬하는 게 좋습니다.

"○○를 잘하는구나!"

"○○가 뛰어나네!"

이런 식으로 사실을 말해 주면 기쁘게 받아들이고 성장하는 타입이지요.

다만 평소의 행동을 보지 않고

"굉장하구나!"

"천재야!"

이렇게 형식적으로 말하면 전혀 가슴에 와 닿지 않을 겁니다.

'어딜 봐서 그렇게 생각한 거지?' 하며 아이가 의심을 품고 입에 발린 말만 하는 사람이라고 여길 수도 있으니 신뢰 관계를 잃지 않기 위해선 성실한 관찰과 주의가 필요합니다.

평소에 아이가 잘하는 것을 발견할 때마다 메모해 두면 좋겠지요.

07
의욕을 이끌어내기 위해서는

행동의 의미를
발견하도록 질문을 던지자

바람의 유형이 의욕을 잃는 제일 큰 이유는 '싫증'입니다. 싫증을 잘 내는 성격이라서 일을 시작할 때는 의욕이 넘치지만, 시간이 지나면 쉽게 다른 일로 관심이 가버리죠.

아이가 하나하나에 집중하게 하려면 행동에 '의미'를 가지게 하는 방법이 좋습니다. 예를 들면

"그 행동은 무엇을 위해 하고 있니?"

"기쁘게 해 주고 싶은 사람은 누구야?"

이런 식으로 목적을 재인식하게 하는 것이 중요합니다.

뭐든지 잘 소화해내는, 요령이 좋은 유형이기 때문에 목적과 의미만 명확해지면 많은 일을 해내는 노력가의 면모가 나타날 겁니다.

다만 행동하는 의미를 발견하지 못하면 꾸준히 할 수 없는 성격이라서

"의욕을 내 보자."

"바로 다음 행동으로 옮기자."

이런 말은 효과가 거의 없을 겁니다.

아이가 의미를 발견하도록 물음을 던져서 의욕이 지속될 수 있도록 지도하는 게 관건입니다.

반복을 싫어하니
변화를 주자

바람의 유형은 단조로운 일이나 반복하는 일을 싫어해서 쉽게 싫증을 냅니다. 새로운 일을 하게 하거나, 같은 일이라도 다른 관점을 제시해 주는 게 중요하죠.

예를 들면 야구에서 반복적으로 스윙 연습을 시키고 싶은 경우에는

"좋아하는 선수의 폼을 흉내 내서 네가 그 선수라고 생각하고 해 보자."

이렇게 조금이라도 변화를 주면 효과가 있습니다.

변덕스럽고 싫증을 잘 내는 성격이기 때문에 싫증 내지 않도록 지도자도 궁리해야 합니다. 작은 변화로 즐거움을 발견하도록 말이지요.

다른 관점의 질문으로는

"어떻게 하면 이걸 재미있게 할 수 있을까?"

"뭘 하면 즐거워?"

이렇게 스스로 생각하도록 자극을 주는 것도 좋습니다.

바로 흥미를 갖지 못하더라도 천천히 시간을 들여서 지켜봐 주어야 합니다.

강제로 어떤 일을 하게 하는 게 아니라 즐거움을 발견하도록 하는 게 포인트입니다.

09
신뢰 관계를 쌓으려면

마주하고
이야기를 들어 주자

신뢰를 쌓기 위해서는 바람의 유형에게 '소중한 사람'이나 '기쁘게 해 주고 싶은 사람'이 되어야 합니다. 아이의 행동을 이해해 주는 것이 중요하며 형식적으로 대하기만 해서는 신뢰를 얻기 힘들지요.

일단 이야기할 때는 상대의 눈을 바라봅시다. 이야기하는 사람이 집중하지 않으면 상대방도 주의가 산만해지겠죠.

제대로 둘만 있을 수 있는 장소에서 마주 보며 구체

적인 지도와 상담을 해 주세요.

앞에 나온 꾸중할 때의 지침과도 이어지는데, 정기적으로 대화의 장을 마련하는 게 효과적입니다.

그럴 때 건넬 말로는

"지금 어떤 상황이야?"

"팀 분위기는 어때?"

이렇게 현 상황을 생각하게 하는 질문이 좋습니다.

바람의 유형은 아이디어가 풍부해서 스스로 해결책을 발견해내곤 합니다. 함께 해결하면 신뢰 관계도 한층 깊어질 겁니다.

10
어려움을 극복하게 하려면

한 가지 일에
흥미를 갖도록 하자

바람의 유형은 '한 가지 일에 머물러 있는 것'을 싫어합니다. 이것저것 지나치게 생각하는 경향이 있어서 차분히 일에 몰두할 수 있는 습관을 만들어 줘야 하죠.

어떤 한 가지 일에 대해 자세히 조사하도록 자극을 주는 것도 좋은 방법입니다.

그리고 그 일에 대해서 얘기를 나눠 보세요.

"지금 ○○는 어떤 상태야?"

"○○에 대해 재미있는 점을 알려 줘."

이런 식으로 말을 건넨 뒤 자세히 관찰하고 나서 결과를 내놓도록 지도해 보세요.

아이가 객관적인 관점을 가지게 되면서 한 가지 일에 점점 흥미를 느끼게 될 겁니다. 그런 식으로 어떤 일의 중요성을 깨달아가는 거지요. 단순하게

"한 가지 일에 집중해."

이렇게 말해봤자 효과가 없습니다.

이런 유형은 본인이 직접 관여하는 '관찰과 보고'가 중요합니다.

한 가지 일에 끝까지 파고들어 변덕스러운 성향을 극복할 수 있다면 성공한 겁니다.

11

자신감을 키워 주기 위해서는

미래의 좋은 이미지를
그려 보게 하자

바람의 유형은 일을 끈기 있게 오래 하지 못하거나 해결해야 할 문제를 어중간하게 내던져버리는 경향이 있기 때문에 그럴 때 자신감을 잃기 쉽습니다.

아이가 자신감을 잃었을 때는 답보 상태에 빠진 일에 대해서 서로 이야기를 나누고 다양한 아이디어를 제시해 주면 좋아요. 함께 이야기하는 동안 아이 스스로 아이디어나 답을 찾아서 해결되는 경우도 있답니다.

바람의 아이는 자신이 없을 때 부정적인 방향으로 눈

길을 돌려버리는 면이 있습니다. 이럴 때 부모와 지도자는 아이가 미래를 향해 관심을 돌리도록 해 줘야 합니다. 예를 들어

"미래에 성공한 네 모습을 상상해 보자."

"자신을 되찾은 넌 어떻게 변해 있을 것 같아?"

같은 말을 건네 보세요.

그래서 스스로 미래를 그려 보고 기대감이 생기면 마음도 밝아져서 다시 일어서게 될 겁니다.

반대로 바람의 유형은 행동을 부정당하면 의욕을 잃기 때문에

"이것저것 하니까 안 되는 거야."

같은 말은 좋지 않습니다.

원래 가지고 있던 행동력과 활발함을 잃게 되니 각별히 주의해야 합니다.

다른 유형과의 친화도

◇ **바람의 유형 + 불의 유형**

바람의 유형은 명랑한 성격으로 스스로 즐겁게 계속해서 어떤 일에 몰두합니다.

그만큼 작심삼일로 끝나는 일이 많지만, 불의 유형인 부모나 지도자라면 먼저 아이의 그 점을 이해해 줘야겠지요. 쉽게 싫증 내는 걸 혼내기만 하면 아이는 완전히 의욕을 잃어버리니 밝은 분위기를 만들어 주도록 신경 써야 합니다.

◇ **바람의 유형 + 바람의 유형**

부모와 자녀 사이라면 좋은 관계로, 소통하기 원활한 조합입니다.

다만 양쪽 모두 변덕스러운 성격이기 때문에 부모가 차분하게 일에 몰두하는 자세를 보여 주는 것이 중요합니다. 부모를 본받아 아이도 차분히 몰두해 보려고 노력할 겁니다.

◇ 바람의 유형 + 물의 유형

물의 유형은 온화하게 감싸 주는 성질이 있어서 바람의 유형에게 안정감을 줄 수 있습니다.

다만 물의 유형은 기질이 느긋하고 상대에게 자극을 주는 일이 적기 때문에 바람의 유형 입장에서는 재미가 없다고 여길 수 있죠. 물의 유형의 부모라면 적극적으로 같이 놀아 주는 시간이 필요할 겁니다.

◇ 바람의 유형 + 땅의 유형

땅의 유형은 바람의 유형에게 휘둘리기 쉽습니다. 부모가 땅의 유형이라면 "제대로 안 할 거야?" 하며 혼내는 일이 많아지겠죠.

자유를 구속하면 바람의 유형은 벗어날 궁리를 할 겁니다. 부모와 지도자는 먼저 바람의 유형의 개성을 공부하고, 아이가 이런 유형이라는 걸 이해하며 관대한 마음으로 받아들이는 자세가 필요합니다.

바람의 유형 아이 지도 사례

J리그 몬테디오 야마가타의 에이스, 오쓰키 슈헤이 선수도 바람의 유형입니다.

오쓰키 선수는 2019년 J2리그에서 에이스 공격수로 활약해 리그 12득점을 기록하여 팀의 득점왕이 되었습니다.

이전에는 J1의 비셀 고베에 소속되어 있다가 2018년 12월에 몬테디오 야마가타로 이적한 직후였습니다. 축구선수로서의 커리어도 후반으로 접어든 때였지만 '이대로 끝낼 수는 없다, 어떻게 하면 경기에서 활약할 수 있을까?' 하는 간절함이 있었습니다.

오쓰키 선수는 밝고 시원시원한 데다 안 좋은 일이 있어도 자세 전환을 잘하는 성격으로, 운동선수로서 장점을 많이 가지고 있었습니다. 다만 한 가지 일에 몰두하기가 어려운 바람의 유형 특징을 가지고 있었죠. 시합 중에 이런저런 생각을 하느라 집중력이 흐트러지는 일도 있었습니다. 반대로 말하면 상황 판단을 하는 능력도 뛰어나다는 의미입니다.

축구선수에게 중요한 능력이지만 지나치게 다른 생각을 하다가 득점을 못하게 된다면 공격수로서 충분한 역할을 하지 못하는 것이지요.

그래서 좀 더 골을 결정하는 이미지를 그려 보도록 독려했습니다. 이것저것 하려고 하지 말고 하나의 장면에서는 한 가지 일에만 집중하도록 했습니다.

예를 들면 "공을 가졌을 땐 어떻게 골을 넣을지만 떠올려.", "코너킥 장면에서는 정확히 맞춰서 골을 넣는 모습만 상상해." 같은 조언을 했습니다.

연습할 때도 어떤 연습을 할지 미리 정해서 다른 일에는 관여하지 않도록 지도했습니다. 결과적으로 2019년에 J2에서 12득점을 기록해 팀 득점왕이 되었답니다.

멘탈 코치로서 그가 신체적으로 전성기 때보다 활약할 수 있었던 건 멘탈이 강화된 결과라고 생각합니다.

바람의 유형은 호기심이 왕성해서 여기저기 마음이 분산되기 쉽습니다. 주변에서 차분하게 한 가지 일에 몰두할 수 있도록 도와주세요.

PART 4

물의 유형과의
대화법

물의 유형

온화하고 조화를
추구하는 타입

물의 유형은 유동적이며 그 자리의 느낌이나 분위기를 잘 감지해냅니다. 감수성이 풍부해서 타인의 마음에도 잘 공감하지요. 또한, 감정을 우선하며 폭이 좁더라도 깊은 관계를 추구하는 경향이 있습니다.
온화하고 다정하며 풍부한 반응력과 감응력을 지니고 있지만, 다른 사람의 말에 영향을 잘 받고 고민에 빠지기 쉬운 면도 있습니다.

상상력이
풍부하다

감정 기복이
심하다

사소한 일에도
고민하는 성격이며
상처받기 쉽다

의지가 강하고
불굴의 정신을
가졌다

다른 사람을
배려하는
마음을 가졌다

물(水)

감수성이
풍부하고
공감 능력이
뛰어나다

 물의 유형 유명인과 운동선수

오타니 쇼헤이(야구선수), 서니브라운 하킴(육상선수), 스다 마사키
(배우), 이케에 리카코(수영선수), 이시카리 가스미(탁구선수), 시부
노 히나코(골퍼)

〰️ 감수성이 풍부하고 공감 능력이 뛰어나다.

〰️ 사람에게 진심으로 대한다.

〰️ 집중력이 있고 기억력이 좋다.

〰️ 인간미가 넘친다.

〰️ 다른 사람을 배려하는 마음을 가졌다.

〰️ 의지가 강하고 불굴의 정신을 가졌다.

〰️ 끈기 있고 통찰력이 있다.

〰️ 상상력이 풍부하다.

◇ 단점

〰️ 사소한 일에도 고민하는 성격이며 상처받기 쉽다.

〰️ 완고하고 집념이 강하며 자주 남을 원망한다.

〰️ 쓸데없는 걱정이 많다.

〰️ 독점욕이 강하다.

〰️ 사람을 많이 가린다.

〰️ 감정의 기복이 심하다.

01
목표 달성을 위한 접근법

목표를 달성하면
어떤 점이 좋은지 물어보자

일반적으로 물의 유형은 매사에 귀찮아하는 경향이 있고 어떤 일에 흥미와 관심이 없으면 목표를 향해서 나아가려고 하지 않습니다.

다만 흥미를 느낀 일에는 끝까지 빠져드는 유형입니다. 그러니 목표가 없는 경우엔 먼저, 행동하는 의미와 가치를 찾아내 줍시다.

"목표를 달성하면 어떤 좋은 점이 있을까?"

"목표를 달성하면 어떻게 될까?"

이렇게 물어보면 동기부여가 될 겁니다.

물의 유형은 본인이 해 보고 싶다는 생각이 들면 마음대로 진행해나가는 경향이 있습니다.

또 혼자서는 느긋하지만, 목표를 향해 노력하는 사람들이 모인 자리에 가면 영향을 받아 자신도 열심이 불타오르지요. 그러니 공부에서 어떤 목표를 세웠다면 도서관에 가는 등 환경을 바꿔 보고, 또래끼리 함께 공부하도록 하는 것도 좋은 방법입니다. 하지만

"빨리해."

"아직 안 한 거야?"

이런 식으로 재촉하는 건 단번에 의욕을 사라지게 하니 피해야 합니다. 매사에 느긋해서 재촉하는 걸 싫어하기 때문에 본인이 흥미를 느낄 때까지 지켜봐 주도록 합시다.

02
실패했을 때의 대처법

우선은 가만히 두고
나중에 대책을 생각하게 하자

물의 유형 아이들은 실패해도 별로 우울해하지 않습니다. 원래 느긋하고 열정적으로 뜨거워지지 않는 유형이기 때문에 실패했을 때도 멘탈의 낙차가 크지 않은 것이죠.

그렇더라도 남에게 걱정 끼치는 걸 싫어하니까 우선은 가만히 두세요. 남의 마음을 헤아리는 타입으로, 자신을 걱정하는 것 자체를 신경 쓰는 섬세한 일면이 있습니다.

실패했을 때 건네는 말로는

"다음엔 어떻게 할까?"

"다음에 또 이런 일이 있으면 그땐 어떻게 하면 좋겠어?"

하고 다음 대책을 생각하도록 하면 좋겠지요.

이미 엎어진 물이니 실패의 원인을 추궁하지는 말아야 합니다.

기본적으로 가만히 내버려 두는 걸 바라기 때문에 "괜찮아?" 하며 지나치게 걱정하는 내색도 하지 않는 게 좋습니다.

실패한 일에 대해서는 더는 따지지 않는다는 태도가 중요합니다. 물의 유형의 느긋하면서도 섬세한 부분을 이해해 주세요.

03
순조로울 때는 이렇게

"최고로 좋은 상태야!"
객관적 사실을 말해 주자

물의 유형은 기본적으로 자신을 내버려 두기를 원합니다.

또, 아무 말을 해 주지 않아도 스스로 생각해서 행동하는 힘을 가지고 있으며, 겸손해서 순조로울 때도 그다지 우쭐거리는 행동은 하지 않지요.

"최고로 좋은 상태야!"

"제대로 궤도에 올랐구나."

등등 드러난 사실에 대해 말해 주면 확실하게 자신을

지켜보고 있다는 느낌을 받을 겁니다.

지도자 입장에선 다소 걱정되겠지만, 기본적으로 말수는 적게, 웃는 얼굴로 지켜봐 주세요.

순조로울 때

"우쭐해지면 안 돼."

"다른 할 일을 해."

"겸손해져."

이렇게 지적하는 말은 좋지 않습니다.

순조로운 리듬이 깨지고 의욕이 사라지므로 주의해야 할 부분입니다.

04
승부를 봐야 할 때는 이렇게

남들의 기대감을
짊어지게 해서는 안 된다

물의 유형은 집중력이 좋고 인내력이 있습니다.

집중할 수 있을 때는 평소대로 제 기량을 펼칠 수 있지만, 긴장하거나 중압감이 있어도 겉으로 드러내는 유형이 아니라서 부모와 지도자는 알아차리기 어려울 겁니다.

이럴 땐 자기 컨트롤을 할 수 있기 때문에 구체적인 지도보다는 군더더기 없이 담백한 말을 건네는 것이 좋습니다.

"평소처럼 침착하게 하자."

"평소에 하던 대로 하면 문제 없어."

이런 말이 효과적으로, 평소처럼 하면 된다는 메시지 전달이 중요합니다. 반면에

"제대로 하고 와."

"모두들 기대하고 있어."

이렇게 부담을 주는 표현은 피해야 합니다.

아이는 내가 하고 싶어서 하고 있을 뿐인데 남들이 기대하고 있다는 생각이 들면 갑자기 버거워지면서 흥미를 잃을 겁니다. 물의 유형에겐 다른 사람의 기대를 짊어지게 하지 않는 것이 좋습니다.

05
바람직한 꾸중법

자기만의 방식이 분명해서
꾸중해도 효과는 없다

물의 유형은 느긋한 성격입니다. 행동이 느린 탓에 꾸중을 듣는 일이 많죠.

어쨌든 자기만의 방식이 있는 타입이라서, 그것이 마음에 들지 않는다고 "왜 이렇게 느려?" 하고 혼내더라도 크게 효과는 없을 겁니다.

"(과제 등에 대해서) 좀 더 시간 여유를 두고 해 보는 건 어때?"

"일찌감치 준비해 볼래?"

이런 식으로 조언해 보세요. 반면에

"빨리해."

"왜 못하는 거니?"

같은 말은 역효과를 불러옵니다. 그런 말은 더 귀찮아져서 의욕이 사라지거든요.

재촉하면 재촉하는 만큼 행동이 느려지기 때문에 그냥 조언한다는 생각으로 대하는 게 좋습니다.

또, 상처받기 쉬운 면도 있어서 심하게 혼내는 건 피하도록 합니다.

06
좋은 칭찬법

"나도 기쁘단다"
공감하면서 칭찬하자

물의 유형은 이타적이며 상대가 기뻐하면 자신도 기뻐합니다.

예를 들어, 뭔가를 해내서 칭찬하는 거라면

"네가 할 수 있게 돼서 나도 기뻐."

이런 말로 공감해 주면 아이도 정말 좋아할 겁니다.

부모 자신도 기쁘다는 걸 분명하게 전하는 게 중요한데, 그것이 다음에도 열심히 하게 하는 에너지가 되어 줄 겁니다.

"이 기세로 좀 더 해 보자."

이런 말은 아이가 '또 하라고?'라는 의미로 받아들일 수 있으니 피하도록 합니다.

억지로 강요하는 말도 통하지 않습니다. 오히려 듣는 데 지쳐서 불만을 품는 경우도 있으니까요.

흥미를 못 느끼는 일은 하려 하지 않기 때문에 무리하게 뒤에서 부추기지 말고 공감할 수 있는 말을 건네도록 유의합시다.

07

의욕을 이끌어내기 위해서는

과제나 연습에
새로운 요소를 가미하자

　물의 유형은 그다지 의욕을 보이지 않는 경향이 있습니다.

　또한 기본적으로 가만히 두기를 원하는 편이지만, 그렇다고 그냥 내버려 두면 의욕 없이 늘어져 버리는 성격이기 때문에 다소 자극을 주어야만 합니다.

　또, 같은 일을 반복하는 경향이 있어서 의욕을 끌어올리기 위해선 상황에 변화를 줄 필요가 있지요.

　뭔가 새로운 것을 가미해 보세요. 예를 들면

"지금까지와 다른 일을 한다면 어떤 일을 해 보고 싶어?"

이런 말을 건네면 점차 흥미가 솟을 겁니다. 스스로 생각하는 힘이 있어서 한 번 생각하면 계속해서 다음 생각이 이어지는 유형이거든요.

스포츠라면 매일 하는 연습에 변화를 줘 보세요.

가령 야구의 배팅 연습이라면 평소에는 금속 배트로 치던 걸 나무 배트로 바꿔 보는 것도 좋은 방법이죠. 사용하는 도구를 바꾸거나 트레이닝 순서를 바꾸는 등, 변화를 위해 새로운 자극을 주는 거예요.

그렇게 하면 의욕이 생겨서 쉽게 불타오를 겁니다.

08

적극적인 참여를 이끌어내려면

세세하게 지시하지 말고
아이디어를 칭찬하자

물의 유형은 적극성이 부족해서 지도하기에 다소 어려운 유형입니다.

하지만 다 같이 행동하는 장(場)에 있으면 적극적으로 움직이는 경향이 있습니다.

주변의 모두가 움직이고 있으면 함께하려고 하기 때문에 부모와 지도자는 이 점을 잘 이용하면 좋겠지요.

물의 유형은 독특한 감성과 직감력을 지니고 있습니다. 모두에게 맞추려는 마음이 없기 때문에 남과는 다

른, 독특한 의견이나 아이디어를 내곤 하죠. 그럴 때

"그거 재밌구나."

"좋은 의견이야."

이렇게 칭찬해 주면 적극성이 끓어오릅니다.

그 대신 세세한 지시를 싫어하고 뭐든지 스스로 결정

하고 싶어 합니다.

"구체적으로 이렇게 해 봐."

"방금 배운 대로 해 봐."

이런 말은 듣기 싫어하므로 최대한 세세한 지시는 피

하는 게 좋습니다.

09
신뢰 관계를 쌓으려면

아이와 한 약속은
반드시 지키자

신뢰 관계를 쌓기 위해서는 이렇다 저렇다 말하지 말고 조용히 지켜봐 주는 자세가 중요합니다.

물의 유형은 감정을 헤아리는 능력이 뛰어납니다. 부모에 대해서도 마찬가지로, 부모가 제대로 자신을 지켜보고 있는지 아닌지 예민하게 느낄 수 있습니다.

가능하면 하나하나 주의를 주거나 혼내는 일은 피해 주세요. 무엇보다 제일 주의할 점은 약속을 깨뜨리지 않는 겁니다.

물의 유형은 자신과 한 약속을 깨뜨리면 가장 오랫동안 마음에 담아두는 유형입니다. 믿음을 저버렸다고 느끼면 바로 신뢰 관계에 금이 갈 테니 꼭 유념하세요.

어릴 때일수록 그런 경향이 강하며, 예전에 있었던 좋지 않은 일도 또렷이 기억할 겁니다.

이것저것 말하지 말고 다정하게 지켜봐 줄 것.

아이와 주고받은 약속은 분명히 지킬 것.

이 두 가지가 핵심입니다.

10
어려움을 극복하게 하려면

이걸 하면 어떤 게 좋은지
깨닫게 해 주자

물의 유형은 빨리 행동하기를 싫어하고 언제나 느긋
합니다. 당연히 "빨리해"라는 말을 듣기 싫어하지요.

관심이 없으면 움직이지 않는 유형이기 때문에

"이걸 제대로 한다면 어떤 이점이 있을까?"

이런 말을 건네서 주체적으로 움직이도록 하는 게 중
요합니다. 이점을 깨달으면 다음부턴 시키지 않아도 아
이 스스로 행동하게 될 겁니다.

또 물의 유형은 실무적인 일을 싫어합니다.

예를 들어 도구를 손질하거나 매일 하는 청소, 숙제 같은 걸 대단히 귀찮아하죠.

착실하게 해나가는 걸 어려워하기 때문에, 이럴 때도

"이걸 하면 어떤 좋은 점이 있을까?"

라는 말을 건네서 어떤 일을 함으로 생기는 좋은 점을 깨닫게 해 줘야 합니다.

또 4가지 유형 중에서 신비로운 일이나 점술 등에 가장 흥미를 느끼는 유형이니 지도할 때 이 점을 적절히 이용해도 좋습니다.

예를 들어 야구 시합에서 제대로 실력을 발휘하지 못할 때는

"그라운드의 신이 널 도와줄 거야."

같은 말에 영향을 받으니 효과적인 말을 건네서 어려움을 극복하게 돕는 것도 좋은 방법입니다.

11

자신감을 키워 주기 위해서는

과거의 성공 체험을
떠올리게 하자

물의 유형은 자신감을 잃었을 때 자세 전환이 느리고 의욕 없이 무기력하게 지내는 경향이 있습니다.

그럴 때는 할 일이 명확하지 않은 경우가 많은데, 기본적으로 뭔가 한 가지 할 일이 명확하게 정해져 있으면 그걸 향해서 잡념 없이 열심히 나아갈 수 있답니다.

그러니 일단은 이야기를 들어 주세요.

물의 유형이 하고 싶은 일을 하나라도 찾으면 문제는 사라집니다. 이전에 좋았던 경험을 떠올리도록 해서 그

경험을 토대로 하고 싶은 일을 찾는 것도 좋은 방법이겠죠. 예를 들어

"전에 순조롭게 되던 때는 어땠어?"

"그때는 그렇게 해서 잘됐던 거구나. 뭐가 다르다고 생각해?"

이 같은 말은 과거의 성공 체험을 활동의 원천으로 삼는 물의 유형에게 힘이 될 겁니다.

반면 피해야 하는 말은

"미래를 생각해."

같은 말입니다.

자신감이 없을 때 미래로 눈을 돌리게 하기는 어렵기 때문에 이전의 좋았던 경험을 차분히 떠올리도록 지도하는 게 좋습니다.

〔 다른 유형과의 친화도 〕

◇**물의 유형 + 불의 유형**

불의 유형은 계속해서 앞으로 나아가려는 타입으로, 물의 유형을 몰아붙이는 경향이 있습니다. 그래서 자녀가 물의 유형인 경우 불의 유형 부모에게 꾸중을 듣는 일이 많지요.

불의 유형의 부모라면 잔소리하고 싶은 마음을 자제하려 노력해야 합니다. 물의 유형에게는 자기만의 방식이 있다는 것을 이해해 주세요.

행동이 느린 편이지만 지적해도 소용없을 겁니다. 원래 물의 유형은 부모에게 기대하지 않으며, 자신이 어떻게 생각하는지를 중요하게 여기니까요.

느린 행동을 지적하고 싶을 때는

"시작 시간을 조금 앞당기자."

"아침에 30분 일찍 일어나 보자."

이렇게 시간에 대해서 구체적으로 자극을 주는 것이

효과적입니다.

◇물의 유형 + 바람의 유형

바람의 유형은 밝고 활발하며 다양한 방면에 흥미를 느낍니다. 그런 점이 물의 유형을 사로잡는 토대가 될 수 있으며, 물의 유형이 흥미를 느끼지 못하는 부분을 극복할 수 있는 요소가 되기도 하지요. 바람의 유형인 부모가 호기심을 가지고 임하는 모습을 보이면 물의 유형 자녀도 함께해나갈 겁니다.

다만 물의 유형에게는 자기만의 방식이 있다는 점을 이해해 주어야 합니다. 그 점을 존중하지 않으면 억지로 행동하다가 충돌이 일어날 수 있어요. 그러니 아이가 조금씩이라도 착실하게 나아가고 있다는 점을 인정해 줍시다.

◇물의 유형 + 물의 유형

물의 유형끼리의 조합이라면 서로 온화하고 부드러운 분위기가 가능할 겁니다.

다만 둘 다 지나치게 느긋해지는 경향이 있으니 부모는 자녀가 관심을 갖도록 유도해야 합니다.

"엄마는 이런 데 관심이 있어."

"아빠는 요즘 이런 걸 하고 있어."

이런 식으로 부모가 먼저 하는 모습을 보여 주세요. 아이도 함께 관심을 가지기 시작할 겁니다.

◇ 물의 유형 + 땅의 유형

물의 유형인 자녀가 보이는 특유의 느긋함 때문에 땅의 유형인 부모는 필요 이상으로 잔소리를 합니다. 그러나 물의 유형은 그런 걱정을 귀찮아하죠.

걱정하기보다는 칭찬해 주세요. 물의 유형은 칭찬받은 기억도 쉽게 잊기 때문에 조금이라도 잘한 것이 있으면 그때그때 칭찬해 주는 습관을 들여야 합니다. 걱정을 드러내는 것보다 훨씬 효과가 좋을 거예요.

물의 유형 아이 지도 사례

2018년 2월에 개최된 평창올림픽 여자 스피드 스케이트에서 매스 스타트, 팀 퍼슈트, 두 종목에서 금메달을 획득한 쾌거(올림픽에서는 일본인 여성 최초)를 이룬 다카기 나나 선수도 물의 유형입니다.

그녀는 가르쳐 준 것을 순수하게 받아들이고 감수성이 풍부한 편으로, 기본적인 물의 유형의 면모를 지니고 있었지요.

다만 본인이 싫어하는 점이 노출됐을 때는 일이 잘 진행되지 않는 경향이 있었습니다. 또 목표가 생겨도 달성하기 전에 여기저기로 관심이 쏠리는 일도 많았고요.

그래서 평창올림픽을 앞두고 실시한 첫 멘탈 트레이닝에서는 목표를 설정하는 일부터 시작했습니다.

목표를 명확히 하기 위해서 "목표를 달성해서 어떻게 되면 좋겠어?"라고 물었더니 다카기 선수는 가족과 부모님을 웃게 해 주고 싶다고 대답했습니다. 그렇게 해서 '내가 금메달을 따서 부모님을 기쁘게 해드린다.'라는 목표가 정해졌지요.

만약 목표가 이렇게 구체적이지 않고 '나는 금메달을 따고 싶다.' 식의 두루뭉술한 바람에 그쳤다면 좋은 성적을 기대하기는 어려웠을 겁니다. 자기만족이나 기쁨만 생각하며 목표를 이루려는 사람은 도중에 포기하는 일이 많기 때문입니다.

물의 유형에게는 근본적으로 자신이 소중히 여기는 걸 지키려는 마음이 있습니다. 다카기 선수에게는 가족이 소중한 사람이고, 그들을 기쁘게 해 주고 싶다는 마음이 금메달을 향한 원동력으로 작용했습니다.

물의 유형은 이타적이어서 상대가 기뻐하면 자신도 행복해합니다. 그런 면면이 목표를 향해 나아가는 힘이 된다는 걸 잘 활용하면 좋겠지요.

PART 5

땅의 유형과의
대화법

땅의 유형

돌다리도 두드리고 건너는
신중하고 지적인 타입

땅의 유형은 현실적인 사고를 지녔으며 신중합니다. 경험과
실제 체험을 중요하게 여기고, 실제로 자신의 몸으로 경험하
고 납득하면서 일을 진행해 나갑니다.
노력파로 인내력이 강하고 지구력도 있습니다. 견실하고 성
실한 인상이지만, 한편으로 고집스러운 경향이 있습니다.

예술적이고
오감이 뛰어나다

지나치게
완벽을 추구한다

융통성이
부족하다

뛰어난 정리력과
분석력이 있다

침착하고
냉정하며
안정감이 있다

땅(地)

끈기가 있고
의지가 강하다

 땅의 유형 유명인과 운동선수

니시코리 게이(테니스선수), 우치무라 고헤이(체조선수), 모모타 겐
토 마사키(배드민턴선수), 시라이 겐조(체조선수), 하마베 미나미
(배우), 요시오카 리호(배우)

◇ 장점

- 끈기가 있고 의지가 강하다.
- 확고한 가치관이 있다.
- 인내력이 있다.
- 예술적이고 오감이 뛰어나다.
- 부지런하고 능률적이다.
- 뛰어난 정리력과 분석력이 있다.
- 침착하고 냉정하며 안정감이 있다.
- 의무에 충실하고 규율을 잘 지킨다.

◇ 단점

- 완고하고 상상력이 부족하다.
- 소유욕이 강하다.
- 틀에 갇히기 쉽다.
- 융통성이 부족하다.
- 완벽을 지나치게 추구한다.
- 까다롭고 신경질적이다.
- 겁이 많고 결벽증이 있다.
- 시야가 좁고 의심이 많다.

01
목표 달성을 위한 접근법

작은 목표를
꾸준히 쌓아 올리자

땅의 유형은 완벽주의자로 일을 확실하게 해내고 싶어 하는 사람입니다. 견실하고 현실적이지만, 도전 정신은 부족하죠.

눈앞의 일에 묵묵하게 대처하는 타입으로, 목표를 향해 꾸준히 나아가 끝까지 해내는 성실함을 갖추고 있습니다. 눈앞의 과제를 해결하는 일은 뛰어나지만, 미래를 생각하고 큰 비전을 그리는 건 어려워합니다. 몇년 후 큰 목표를 달성해야 한다면 부모와 지도자의 서포트가 꼭 필요한 타입이지요.

이런 아이에겐 커다란 목표를 작게 나눠 줘야 합니다. 그리고 나서

"한발씩 확실히 나아가자."

라고, 하나하나 착실하게 쌓아가는 중요성을 인식시켜야 합니다. 하나씩 작은 목표를 쌓아가는 동안에 큰 목표가 달성되도록 말이죠.

"일단 해 봐."

"도전해 봐."

같은 말은 좋지 않습니다. 구체적이지 않은 목표는 납득하지 못하기 때문에 행동으로 이어지기가 힘든 타입입니다.

지도자의 실패담과
이를 극복한 경험담을 들려 주자

땅의 유형은 기본적으로 비관적인 생각을 하기 쉬운 유형입니다. '도대체 왜 이렇게 됐을까?' 하고 끙끙 앓으며 오래 끌고 가는 일이 많죠.

'왜 나만'이라는 피해의식을 가지기 쉽고, 다시 일어서는 데도 가장 시간이 오래 걸리는 유형입니다.

이런 아이에겐 먼저 실패를 위로하고 슬픔을 공감해 주어야 합니다.

"많이 힘들었겠구나."

"혼자서 얼마나 마음고생이 심했니?"

이렇게 진심으로 공감해 주세요.

그러나 그것만으로 끝나서는 안 됩니다.

"나도 ○○로 실패해서 우울했지만 이렇게 해서 다시 일어섰단다."

이렇게 자신이나 주위의 실패담, 그것을 극복한 에피소드를 구체적으로 이야기해 주어야 비로소 아이는 힘을 낼 겁니다.

땅의 유형은 다른 사람의 이야기에 쉽게 공감하기 때문에 이야기를 듣고 납득하면 다시 일어설 수 있습니다.

"언제까지 끙끙거릴래. 그만 이겨내."

이런 말은 아이를 더 우울하게 만들 뿐이라서 피하는 게 좋습니다.

03
순조로울 때는 이렇게

자만하기 쉬우니
현 상황을 돌파할 말을 건네자

땅의 유형은 감정을 겉으로 잘 드러내지 않고 말과 행동으로 잘 표현하지 않기 때문에 현재 상태가 순조로운지 어떤지 판단하기 어려울 때가 있습니다.

겉으로는 드러나지 않지만 자의식이 높고 자만하기 쉬워서, 자신의 재능만 믿고 우쭐하다 위기에 빠지기도 합니다. '연습은 안 해도 괜찮아.', '과제는 나중에 해도 돼.' 같은 생각이 실패로 이어지는 것이죠.

부모와 지도자가 취할 수 있는 대책으로는

"실패할지도 모르니까 조심하자."

"그다음 일을 생각하고 해 볼까?"

등등 단도직입적으로 현재 상황을 돌파하는 말을 건네는 겁니다.

"지금 뭐 하는 거니?"

"정신 못 차렸어?"

"자만하지 마."

이처럼 심하게 꾸짖는 말은 피해 주세요. 화가 나서 더 고집부리는 경우도 있으니까요.

자만하는 듯한 말과 행동을 보이면 상황을 봐서 앞에서 언급한 말을 활용해 봅시다.

04
승부를 봐야 할 때는 이렇게

비관적인 생각에 빠지지 않도록
자세 전환을 위한 말을 해 주자

땅의 유형은 승패가 걸린 중요한 상황에 강한 유형으로, 그다지 중압감을 느끼지 않습니다. 기본적으로 당황하지 않고 침착하게 행동할 수 있지요.

다만 때로 비관적인 성향이 나올 수가 있는데, 땅의 유형은 한번 비관적인 생각을 하면 그 생각에서 헤어나오기 어렵기 때문에 주의가 필요합니다.

자세 전환을 잘하지 못해서 '아무래도 무리야…', '불안한데…' 이런 생각을 떨쳐내기가 쉽지 않은데, 그런 생각에 빠졌을 때는 지금까지 중압감을 물리친 사람들의 경험담을 얘기해 주는 게 가장 좋습니다.

"난 중요한 상황일 때 이렇게 해서 위기를 벗어났어."

"이치로 선수(땅의 유형이 존경하는 사람 누구나)는 이렇게 해서 극복했대."

이런 식으로요.

시간이 있다면 용기를 주는 책을 추천하는 것도 좋겠지요.

"걱정하지 마. 괜찮을 거야."

"너라면 잘할 수 있어."

이런 식으로 가볍게 건네는 말은 피해 주세요. 말로만 위로한다는 생각이 들어서 신뢰 관계를 잃을 수도 있습니다.

05
바람직한 꾸중법

싫은 소리를 하면 계속 틀어박히니
질책하지 말자

땅의 유형은 대체로 융통성이 없어서 꾸중을 들으면 자기만의 골방에 틀어박혀 버립니다. 심하게 혼낼수록 심하게 틀어박히지요.

자신만 생각하고 끙끙거리며 속을 태우기 때문에 다른 사람에게 의식이 향하도록 하는 게 중요합니다.

원하는 대로 되지 않아서 불만스러운 모습을 보일 땐 "너와 비슷한 경험을 한 사람도 있을 거야. 그런 사람은 지금 어떻게 하고 있을까?"

이렇게 말을 건네거나

"불만스러운 얼굴을 한 사람을 보면 어떤 생각이 들어?"

하고 비슷한 상황에 있는 사람을 떠올려 보게 해서, 타인의 좋지 않은 모습을 통해 자신의 결점을 자각하도록 유도합니다. 그러면 자신의 모습을 객관화하게 되면서 태도를 고치려고 하는 모습을 보이지요.

쓸데없는 말을 계속하는 건 피해야 합니다.

"그렇게 틀어박히면 안 되는 거야."

"언제까지 못난 모습을 보일 거니?"

이런 말을 여러 번 해도 효과는 없습니다.

자기방어 본능이 강해서 틀어박힌 껍질이 더욱 단단해질 뿐입니다.

마음에 담아두는 성격이라 신뢰 관계에도 금이 갈 수 있으니 주의해야 합니다.

06

좋은 칭찬법

작은 일에 세심하다는
장점에 눈을 돌리자

땅의 아이가 가진 장점은 성실하고 분명하다는 겁니다. 매사에 진지하게 임하는 유형이라 어떤 문제에 몰두할 때도 세세한 데까지 생각이 미치지요.

이럴 땐 우선

"세세한 부분까지 잘 보고 있구나."

하고 칭찬해 주세요.

또, 적극적으로 행동하는 유형은 아니지만, 조금이라도 적극성을 보이면

"잘하고 있네."

하고 인정해 주세요. 그러면 좀 더 적극적으로 행동하기 시작할 겁니다.

칭찬하려는 마음이 앞서서 무턱대고

"좋아."

"굉장해."

라고 말하는 건 좋지 않습니다. '어디가 굉장하다는 거지?' 하며 오히려 대단히 의문스럽게 생각할 테니까요.

막연한 칭찬이 아니라 구체적으로 칭찬하는 것이 중요합니다.

07
의욕을 이끌어내기 위해서는

억지로 밝게
행동하지 않아도 좋다

땅의 유형 아이는 의욕이 생기지 않을 때 상황을 비관하며 틀어박히는 경향이 많습니다. "어차피 나 같은 건…"처럼 비관적인 말을 자주 꺼내기도 하지요.

이럴 때 부모나 지도자들은 아이의 마음을 풀어 주려고 짐짓 밝은 척, 아무렇지 않은 척 대화를 시도하지만 썩 좋은 방법은 아닙니다. 오히려 아이가 상대의 의도를 파악하고 짜증 내는 역효과를 불러오기도 하니까요. 그럴 땐

"슬픈 일도 있는 거야."

"의욕이 생기지 않을 때도 있단다."

먼저 이렇게 다가가는 말을 한 다음에

"모두와 똑같이 해 볼까?"

"함께 해 볼까?"

하고 독려해 주세요.

해나가는 동안 변화하는 유형이기 때문에 계기만 있
으면 잘 따라와 줄 겁니다.

"왜 의욕이 없니?"

"도대체 왜 그래?"

이런 말은 의욕을 꺾어버리니 주의해야 합니다.

누군가와 함께 어떤 일에 몰두하도록 유도하는 게 효
과적입니다.

08
적극적인 참여를 이끌어내려면

강한 책임감을 이용해
약속을 지키게 한다

땅의 유형 아이는 소극적이고, 싫은 일에 관여하고 싶어 하지 않는 타입입니다.

움직임이 무겁고 어떤 일을 시작하는 데 시간이 걸리는 편이지만, 책임감이 강해서 과제나 해야 할 일은 성실하게 행동으로 옮깁니다.

부모나 지도자와 한 약속도 반드시 지키려는 유형이니 이를 적절히 활용해

"이건 약속이야!"

하고 아이와 의식적인 관계를 맺어 보세요.

'이 사람과 약속했으니까 확실히 해내야지.' 하고 책임감을 느낄 겁니다.

아이가 가진 강한 의지를 어떻게 잘 이끌어내느냐가 관건입니다.

단, 책임감을 이용해서 과도한 요구를 해서는 안 됩니다. 감정을 겉으로 잘 드러내지 않기 때문에 표가 나지 않아도, 속으로는 엄청 스트레스 받고 있을지 모르니까요.

정말로 아이에게 필요한 약속인지 제대로 판단한 후에 '약속 찬스'를 사용해야 합니다.

당연한 말이지만 약속은 서로 지켜야 하는 만큼, 잘 기억해 두었다가 아이가 달성했을 때 꼭 제대로 칭찬해 주어야 합니다.

09

신뢰 관계를 쌓으려면

세세한 부분까지
살펴야 한다

쉽게 마음을 열지 않으며 조심성이 많은 땅의 유형 아이에게는 신뢰를 얻기까지 시간이 많이 걸립니다.

행동이 신중해서 돌다리도 두드려 보고 건너는 타입으로, 상대의 행동을 보고 나서 그 사람을 판단하곤 합니다. 특히 일을 대충하는 사람은 신뢰하지 않지요.

이런 성향의 아이에겐 세세한 부분까지 살피는 섬세함이 요구됩니다.

어떤 일을 준비해야 할 때도 순서에 따라

"처음엔 이것, 그다음에 이것, 마지막에 이것."

이런 식으로 꼼꼼하게 차례대로 전달해 주는 게 효과적입니다.

상대가 언제나 자신을 염려하고 있다는 생각이 들면 점차 마음을 열고 신뢰를 보일 겁니다.

또, 자존심이 강해서 내려다보는 시선으로 지도하는 건 피해야 합니다.

원하지 않는 일을 당하면 오래도록 기억하는 유형이기도 하니 비록 농담일지언정 실없는 말은 하지 않는 편이 좋습니다.

소통에 세심한 주의가 필요한 성격입니다.

10

어려움을 극복하게 하려면

힘든 일에는 보상이
효과적이다

땅의 유형은 어려운 일은 피하려고 하는, 겁이 많은 일면이 있습니다. 또 자신을 표현하는 데 서툴기 때문에 다른 사람은 어떻게 하는지를 참고삼는 경향이 있지요.

그러므로 부모나 지도자가 자신 혹은 가까운 지인의 체험담을 들려주면 효과가 좋습니다. '비슷한 상황에서 남들은 이렇게 어려움을 극복했구나.' 하며 긍정적인 자극을 받을 겁니다.

하나 더, 눈에 보이는 확실한 걸 신뢰하는 유형이기 때문에 '보상'이 효과적입니다.

"어려운 일을 참고 해내면 미래에 ○○를 받을 수 있어."

"성공하면 이걸 줄 테니까 좀 더 힘을 내 볼까?"

이런 말이 효과적입니다.

돈이나 물건에 대한 애착이 있고, 훌륭한 사람이나 권위가 있는 사람에게 영향을 받는 편이니 참고하면 도움이 될 겁니다.

반대로 추상적인 표현은 좋지 않습니다.

"성취감을 얻을 수 있어."

"분명 성장할 거야."

이런 말은 땅의 유형에겐 전혀 동기부여가 되지 않으니 피하도록 합니다.

느낌으로 설득하기보다 구체적인 예를 들어 말해 주어야 움직이는 타입입니다.

11
자신감을 키워 주기 위해서는

긍정적인 면에
관심을 돌리게 하자

땅의 유형 아이는 감정이 다운되면 그대로 계속 우울감에 빠져버리는 타입입니다. 부정적인 면만 보고 시야가 좁아져서 그 상태에 오래 머무는 단점이 있습니다.

그렇기에 지금 하는 일의 긍정적인 면으로 관심을 돌리도록 해야 합니다.

"이 일의 좋은 점에 관심을 가져 보자."

"그 일의 긍정적인 면에는 어떤 게 있을까?"

이런 식으로 관점을 바꿔 줍시다.

예를 들어 동아리 활동을 하다 시합에 져서 우울해할 때는

"해결해야 할 문제는 찾은 거구나."

"이걸 뛰어넘으면 더 성장할 수 있어."

이런 말을 건네주면 좋습니다.

지도자들이 흔히 저지르는 실수가 당사자에게 실패한 원인을 찾게 하는 겁니다. 이는 땅의 유형 아이의 자신감을 더 떨어뜨리기 때문에 오히려 슬럼프에 빠질 위험이 있습니다.

땅의 유형이 자신감을 잃었을 때는 먼저 다가가서 다독여 주세요. 아이가 그 일에서 긍정적인 면을 발견할 수 있도록 부정으로 치우친 관점을 바꾸어 주는 것이 관건입니다.

다른 유형과의 친화도

◇ **땅의 유형 + 불의 유형**

서로 대조적인 타입으로, 불의 유형에게 땅의 유형은 좀 답답해 보이고, 땅의 유형에게 불의 유형은 너무 강압적으로 보입니다.

때문에 불의 유형 부모는 땅의 유형 아이에게 짜증을 내기 쉽고, 아이는 자주 비관적인 기분에 사로잡혀 좀처럼 행동하려 하지 않습니다. 행동력이 있는 불의 유형 부모는 "같은 말을 여러 번 하게 하지 마."라고 말하고 싶지만, 그렇게 하면 땅의 유형 아이는 더 움츠러들고 말죠.

그러니 우선 불의 유형 부모나 지도자는 땅의 유형 아이의 고민을 알 수 있어야 합니다. 먼저 아이의 마음을 이해하고 공감하는 것부터 차근차근 하도록 합시다.

◇땅의 유형 + 바람의 유형

바람의 유형은 공감하는 능력이 있어서 땅의 유형 아이의 비관적인 성향을 이해해 줄 수 있습니다. 하지만 주의가 산만하고 변덕스럽기 때문에 곧 다른 데로 관심이 쏠려서 땅의 유형 아이에 대한 배려가 세심하게 미치지는 못하는 측면이 있지요.

땅의 유형 아이로서는 상대가 자신에게 제대로 마음을 써 주지 않는 것 같아 불안함을 느낄 수 있습니다.

우선은 충분히 공감하는 자세를 보여 주고, 끈기 있게 다정하고 명랑하게 대해 주세요. 다른 일은 제쳐두더라도 아이를 최우선으로 생각하고 마음 써 주는 자세가 필요합니다.

◇땅의 유형 + 물의 유형

물의 유형 부모는 땅의 유형 아이의 반복되는 말과 행동을 귀찮게 여기고 무관심해질 수 있습니다. 그러다 보면 아이는 점점 비관하게 되기 쉬우니 아이가 '나에게 마음 써 주지 않는구나'라는 생각이 들지 않도록 먼저 관심을 표현하고 따뜻하게 대해 줘야 합니다.

◇ **땅의 유형 + 땅의 유형**

같은 유형이기 때문에 기본적으로 서로 공감하고 이해하는 사이입니다.

다만 양쪽 모두 비관적인 면이 있어서 서로에 대해 비판적인 견해도 갖고 있습니다.

서로 좋지 않은 점을 지적하기 시작하면 끝이 없을 테니 나쁜 점을 지적하기보다 서로 개선점을 제시해야 양쪽 모두 성장을 도모할 수 있을 겁니다.

땅의 유형 아이 지도 사례

제101회 전국 고교야구선수권대회에서 준우승을 달성한 세료 고교의 주장이자 현재는 요미우리 자이언츠에서 활약하고 있는 야마세 신노스케 선수는 땅의 유형입니다.

끈기가 강하고 주어진 과제를 정확히 수행하며 확실하게 자기 것으로 만들어가려는 의지를 가진 선수지요.

다만 땅의 유형의 특징인 '느린 행동'이 눈에 띄는 일이 더러 있어서, 야구 명문 고교의 주장으로서 말과 행동으로 앞장서서 팀을 이끌 필요가 있음을 주지시켜야 했습니다.

매사에 빠른 행동을 주문하며 '제일 먼저 내가 하자.'라는 각오로 적극적으로 임하라고 지도했습니다.

또 신노스케 선수는 웃는 얼굴과 긍정적인 태도에서도 모범을 보였습니다.

고시엔(일본 효고현에 있는 1924년에 만들어진 고시엔 야구장)에서 지벤와카야마 학교와 맞붙었을 때 일입니다. 연장 13회 말 세료고교의 공격이 끝나고, 14회 초 수비에 임할 때 그가 갑자기 "웃으면서 하자!" 하고 소리쳤습니다. 그렇게 웃는 얼굴로 팀원들을 격려하고 밝은 분위기를 끌어낸 덕분에 수비를 잘 지켜낼 수 있었고, 14회 말에 극적인 끝내기 홈런으로 승리할 수 있었습니다.

13회 말의 공격이 끝나고 의기소침한 분위기로 수비에 임했다면 위험했을지도 모릅니다. 14회가 시작되기 전에 주장으로서 팀원들에게 격려하는 말을 건넨 것이 멋진 승리의 요인이 되었을 것입니다.

그 밖에 구장을 청소할 때도 그는 구석구석 살피며 누구보다 열심히 쓰레기를 주웠습니다. 주장으로서 자신이 먼저 행동한다는 걸 모범적으로 보여 준 것이었죠.

주변에서 솔선수범의 자세를 적절한 말로 자극해 주면 땅의 유형 아이의 느린 행동은 충분히 보완될 수 있습니다. 잠재된 능력이 많은 유형인 만큼 쑥쑥 성장할 수 있을 겁니다.

PART 6

나의 개성을 키워 주는
자기 교육

01

자신에게 없는
개성을 키우자

인간에게는 크게 4가지 유형이 있고, 특히 아이 때는 유형별 개성이 강하게 나타납니다. 그러다 차차 어른이 되면서 다양한 경험을 쌓아가는 과정에서 각 유형의 개성이 서로 섞이게 되지요. 예를 들어 느긋한 물의 유형인 사람도 리더의 역할을 해나가는 동안 불의 유형의 특성인 리더십이 길러지는 것처럼요.

반대로 말해, 성인이 되어서도 자신의 유형 이외의 개성을 키우려 노력하지 않는 태도는 바람직하지 않습니다. 매사에 쉽게 싫증을 내는 성인이 매사 쉽게 싫증을 내는 아이의 의욕에 불을 지피기는 어려울 테니까요.

특히 아이들을 서포트하는 부모와 지도자가 자기 유형 이외의 개성까지 익힌다면 자신의 기질을 더 잘 조절할 수 있고, 아이들의 개성에 맞춰 유연하게 대응할 수도 있을 것입니다.

우리는 성인이 되어도 근본적인 성향은 변하지 않지만, 여러 유형이 섞여서 복합적인 인격으로 성장합니다. 인간이 성장한다는 건 본래 자신이 가진 성향 이외에 다른 개성도 키워가는 것이니까요.

그러기 위해서 '어떻게 다른 개성을 키워나가면 좋을까'를 고민하는 부모와 지도자들에게 '자기 교육'이라는 개념을 전해드리고자 합니다.

아직 자신의 유형을 모르는 분은 먼저 이 책 첫머리에 있는 '유형 진단'부터 해 주세요. 자기 교육을 통해 4가지 유형이 균형 있게 자리하는 것이 가장 이상적입니다. 가능한 부모와 지도자는 어떤 유형이든 될 수 있

으면 좋습니다. 타인의 마음을 이해하고 커뮤니케이션
도 원활해질 테니까요.

이 장에서는 유형별로 특히 약한 부분을 키워가는 일
에 초점을 두고 있습니다.

아이를 확실하게 서포트하는 부모와 지도자가 될 수
있도록 자기 교육을 실천해 보시기 바랍니다.

02

불의 유형에 맞는
자기 교육

불의 유형은 에너지와 아이디어가 넘치고 행동력이 있어서 지도자로서도 뛰어난 능력을 가진 사람이 많습니다.

다만 부모와 지도자는 그 에너지를 아이에게 그대로 발산해버리는 경향이 있고, 쉽게 화를 내기도 합니다. 바꾸어 말하면 머릿속에서 순간적으로 떠오른 것을 바로 말해버리는 습관이 있는데, 그렇게 되면 아이가 제대로 따라오지 못할 수도 있습니다.

그런 점을 개선하기 위해서, 말하기 전에 잠깐 생각하는 습관을 들입시다. 특히 지도할 때나 혼을 낼 때는 몇 초라도 간격을 두는 게 좋습니다. 정말로 화를 낼 일인지, 감정에 휩쓸려 말실수를 하는 건 아닌지, 짧게라도 판단할 시간을 가질 필요가 있답니다.

어느 고교의 야구 감독이 불의 유형이었습니다. 승부가 걸린 중요한 시합에서 선수가 감독의 사인을 보지 못하고 실수하는 바람에 모처럼 찾아온 반격 분위기를 망친 일이 있었습니다.

감독은 호통을 치려고 했지만 짧게나마 시간을 가지고 간신히 화를 참았습니다. 그때 벤치에 있던 선수들이 "괜찮아.", "걱정하지 마." 하는 응원을 보내면서 반대로 좋은 분위기가 만들어졌습니다.

그 후 대역전이 일어났지요. 만약 그때 호통을 쳤다면 팀 분위기나 선수의 의욕은 사그라지고 경기는 그대로 끝났을지도 모릅니다.

만약 순간적으로 호통을 치는 분이라면 화가 끓어오를 때 손뼉을 쳐서 에너지를 발산시킨다든지 주먹을

불끈 쥐었다가 단번에 펴는 동작을 해 보세요. 문자 그대로 화를 손에서 놓아버리는 동작을 의식화하는 건데, 꽤 효과적입니다.

또, 스트레스가 쌓이기 쉬운 유형이기 때문에 스트레스를 발산할 방법을 찾아보는 것도 좋습니다. 불의 유형은 에너지가 많아서 그것을 지나치게 억누르면 오히려 본인이 지칠 수 있습니다. 운동이나 취미 생활 등 자기 나름대로 몰입할 대상을 찾아봅시다.

03

바람의 유형에 맞는
자기 교육

　바람의 유형은 말이 가볍고 빠르며, 기분이 상해도 자신이 화가 났다는 걸 모를 때가 있지요. 아이들이 자기 말을 못 알아듣는 것 같아서 "왜 이걸 이해 못 하니?" 하고 질책하는 일도 왕왕 벌어집니다.

　그런 일이 반복되다 보면 아이는 상처받고 마음을 닫아버리거나, 한 귀로 듣고 흘려버리는 등 새겨들으려 하지 않을 겁니다. 부모로서 또 지도자로서 제대로 영향력을 끼칠 수 없는 거지요.

자기 발언의 설득력을 높이기 위해선 우선 아이들의 마음을 움직여야 합니다.

그러려면 두 가지를 유념해야 하는데, 첫 번째는 하고 싶은 대로 말할 게 아니라 상대를 생각하면서 말을 골라야 한다는 것이고, 두 번째는 침착하게, 천천히 말해야 한다는 것입니다.

예를 들면 야구선수 이치로도 바람의 유형인데, 평소에는 말이 빠르지만 회견 때는 천천히 설명하듯이 이야기해서 설득력을 얻고 있지요.

바람의 유형과는 대조적으로, 물의 유형은 정서 면에서 안정되기 때문에 물의 유형의 장점을 수용해 보는 것도 좋습니다. 상대의 마음을 헤아려 보면서 다가서듯이 이야기해 보세요.

또 매사에 끝까지 해내지 못하는 면을 고치기 위해 한 가지 일에 집중하는 힘을 길러 봅시다. 혹시 관심이 여기저기로 쏠린다는 걸 의식하지 못하다가, 어느 순간 자신의 취미가 바뀌어 있다는 걸 깨달을 때가 있는지요?

그렇다면 정성껏 의식을 집중해서 하나에 몰두해 봅시다. 그러는 동안에 한 가지 일에 집중하는 힘이 생길 겁니다. 일점집중(一点集中) 트레이닝이라고도 부르며, 실제로 운동선수에게도 지도하는 집중법이니 꼭 활용해 보기 바랍니다.

또, 바람의 유형은 신경이 예민해서 상대의 세세한 부분까지 지적하는 경향이 있으니 조금 관대한 마음을 갖추도록 노력합시다.

04

물의 유형에 맞는
자기 교육

물의 유형은 대체로 느긋하며, 관심 사항 외에는 무관심한 경우가 많습니다.

조금 극단적으로 말하면 아이나 자신이 지도하는 선수에게 큰 관심이 없기 때문에, 의식적으로 관심을 가지려 노력할 필요가 있습니다.

한 사람 한 사람 소통하면서 정성껏 대해 보세요.

'저 아이는 무슨 생각을 하고 있을까?', '저 선수가 좋아하는 건 뭘까?' 이렇게 의식적으로 관심을 가지고 질문해 보는 겁니다.

저 자신도 물의 유형입니다. 지도하고 있는 팀의 연습 모습을 가만히 지켜보다가 '열심히 하는구나.' 하며 짐짓 남의 일처럼 바라보고 있는 자신을 깨달을 때도 있지요.

마지막에 팀원들을 모아서 "잘해 보자!" 하고 말하면 업무는 끝나지만, 그것만으로는 큰 의미가 없겠죠.

그래서 일부러 선수를 불러서 "요즘 컨디션은 어때?" 하고 물으며 꼭 대화 시간을 갖습니다. 신경 쓰이는 선수가 있으면 먼저 말을 건네고, 선수 개성에 맞춰서 개별 지도도 하고요. 일부러 제가 먼저 의식적으로 행동하는 거랍니다.

물의 유형은 감수성이 뛰어나고 다른 사람의 마음을 헤아리는 기질이 있어서, 한 사람 한 사람 마주할 시간을 충분히 만들 수 있을 겁니다.

또, 물의 유형은 감수성이 풍부한 반면 논리적으로 말하는 걸 어려워합니다. 논리적으로 말하지 못하면 아이들에게 울림을 주지 못하는 때도 있고요. 특히 땅의 유형 아이에게 말할 때는 '지금 무슨 말을 하는 거람?' 하고 아리송해 할 수 있기 때문에 논리적으로 말하는 훈련을 해야 합니다.

효과적인 방법으로는 첫째, '왜 그렇게 됐을까?'라고 생각하는 습관을 들이는 겁니다. '왜 실패한 걸까?', '왜 그것이 목표인 거지?' 등 지나치기 쉬운 상황에서도 '왜?'라는 물음을 던지다 보면 머릿속에서 정리하고 나서 얘기할 수 있게 됩니다.

두 번째 방법은 대화할 때 결론부터 이야기하는 겁니다. 아이와 소통할 때 자기도 모르게 이것저것 말을 많이 하다 보면 정작 핵심이 전달되지 못할 때가 있는데, 이를 방지하기 위한 말하기 테크닉입니다.

가장 전하고 싶은 핵심 메시지를 제일 먼저 전달해 보세요. 대화가 샛길로 새더라도 아이는 처음 들은 말은 기억할 겁니다.

05

땅의 유형에 맞는
자기 교육

땅의 유형은 자신만의 세계로 들어가 버리기 쉽습니다.

기본적으로 부정적 사고를 하고 피해의식이 있으며, 가르쳐야 할 아이에 대해서도 '나도 힘든 걸 어떡하라고.' 하는 마음이 생길 때가 있을 겁니다. 의식이 자신에게로 향해 있기 때문인데, 시점을 바꿀 필요가 있으니 '아이들은 어떻게 생각하고 있을까?', '지금 아이한테 제일 중요한 게 뭐지?' 등등 좀 더 아이 쪽으로 의식을 기울이기 바랍니다.

또, 땅의 유형은 매사에 특히 부정적인 면을 보는 경우가 많아서 상대방의 결점을 잘 찾아내고 그것을 지적합니다. 그러나 이런 식으론 좋은 관계를 맺기 어려우니 의식적으로 상대의 좋은 점, 긍정적인 면을 찾으려 노력해야 합니다.

한 가지 더. 아이에게 지도할 땐 정확하게 말해 주어야 합니다. 상대의 좋은 점을 말해 주면 긍정적인 면에 의식을 집중하는 습관이 생길 테니 한번 시도해 보기 바랍니다.

항상 안정을 추구하는 땅의 유형은 도전 정신이 약해서 다양한 정보를 포착하는 능력이 부족합니다. 자신이 아는 범위에서만 모든 일을 인식하기 때문에 의식적으로 다른 사람의 입장이 되어 보는 등 지금까지 해본 적 없는 일에도 도전해 봅시다.

중요한 건 안으로 틀어박히는 것이 아니라 적극적으로 밖으로 나아가려는 의식입니다. 다양한 사람과 관계를 형성해야 자신만의 단단한 세계를 벗어나 다른 세계를 볼 수 있을 겁니다.

'새로운 일에 도전한다.'

'경험한 적이 없는 어려움을 경험해 본다.'

이런 마음가짐이 중요합니다.

원래부터 묵묵하게 행동하는 유형이니 적극성을 기르면 큰 발전을 이룰 겁니다.

에필로그

세간에서 만화 《귀멸의 칼날》이 유례없는 큰 인기를 얻고 있지요. 그 작품을 보다 등장인물인 귀살대(《귀멸의 칼날》에 등장하는 조직)가 사용하는 '호흡'이 완벽하게 4가지 유형에 따른 설정이라는 걸 알게 되었답니다.

주인공인 가마도 탄지로는 '물의 호흡'을 사용합니다. 이 책에서 소개한 '물의 유형'에 해당하죠.

탄지로는 장남으로 책임감이 강하며 대단히 착한 청년으로 묘사되고 있습니다. 식인귀(人食い鬼)에 대항해

칼을 휘두르지만, 식인귀가 죽음을 맞을 때 회한과 자비를 가지고 대합니다. 도깨비(鬼)에 대해 "추한 괴물 같은 것이 아니다. 도깨비는 허망한 생물, 슬픈 생물이다"라고 말하는 걸 보면 알 수 있지요.

다만 그런 배려가 지나치게 강한 탓에 결단력이 부족한 면도 있습니다. 고집이 있는 데다 완고하고 융통성이 없으며, 납득하지 않으면 상대가 누구든 결코 물러서지 않는 성격입니다.

귀살대의 최상위 무사에게 주어지는 칭호 '하시라(柱)'. 그중에서 '물의 호흡'에 통달한 수주(水柱) 토미오카 기유는 무표정하고 냉정해 보이지만, 탄지로가 위기에 빠지면 도우러 오는 착한 청년입니다. 속마음이 따뜻하고 순수한 일면도 가지고 있어서 정말이지 '물의 유형'의 개성을 잘 나타내는 캐릭터지요.

2021년 개봉한 애니메이션 〈극장판 귀멸의 칼날 : 무한열차편〉에 등장한 렌고쿠 교주로는 염주(炎柱 : 귀멸대의 최상급 무사인 하시라 중 한 명, 불의 호흡을 사용)입니다. 부릅뜬 두 눈에 시원한 말투를 쓰는 올곧고 순수한 청년으로 정의감이 대단히 강하지요.

리더십이 있고 전투 중에는 명확한 지시를 내리며 다른 대원들로부터 사랑과 존경을 받는 존재. 바로 '불의 유형'의 개성을 나타내고 있습니다.

바람의 호흡에 통달한 풍주(風柱) 시나즈가와 사네미는 냉정하고 급한 성격입니다. 거칠고 사나운 성격으로 그려지고 있지만 한편으로 예의와 규율을 중시하는 일면도 있고, 자신이 인정한 당주(当主) 앞에서는 예의를 지키며 이지적이고 공손한 말씨를 보입니다. 그야말로 처세술에 능한 '바람의 유형'의 개성이라고 할 수 있지요. 또 소중한 사람의 죽음을 맞아 망연자실해서 소리 내어 울만큼 섬세하고 여린 심성도 가지고 있습니다.

귀살대의 하시라 중에서도 그 중심을 담당하는 히메지마 교메이는 '바위의 호흡'에 통달한 암주(岩柱)입니다. 바위같이 듬직하게 버텨 주는 귀살대의 지주인 그는 그야말로 '땅의 유형'입니다.

언제나 염주를 들고 합장하며 일상에서 염불을 외는 모습이 자비롭게 보이지만, "이 얼마나 초라한 아이인

가. 태어난 것 자체가 가엾으니 죽여 주리라.", "도깨비에게 홀렸구나. 빨리 죽여서 해방시켜 주어야 해."라고 말하는 걸 보면 그 자비심은 상당히 일방적이면서 동시에 비관적 발상의 소유자라는 걸 알 수 있습니다.

이렇게 살펴보면 사람을 관찰하는 게 꽤 즐거워지기도 합니다.

인간의 본능적인 자질. 그것은 어떤 일이 일어났을 때 순간적인 말과 행동으로 나타납니다. 그 반응 방식이나 행동 양식의 유형을 통해 통계적으로 분류된 몇 개의 본능이 있다는 걸 알게 되었습니다. 이 책에서는 '개성'이라고 표현하고 있는데, 이 개성을 알면 그 사람을 이해하기 쉬워집니다.

저는 물의 유형입니다. 느긋하게 있는 걸 좋아하고 관심 없는 일은 마음에 두지 않기 때문에 쉽게 잊어버리지요. 다만 코치라는 일의 성격상 타인의 감정적인 측면으로 다가갈 수 있는 점이 제게 큰 힘이 되고 있습니다. 그래서 코치나 강사로서 업무 의뢰가 끊이지 않는 상황이 되었다고 생각합니다. 저 자신의 개성을 알고 그 개성을 살릴 수 있었기에 가능한 일이었겠죠.

사실 일하다 보면 불의 유형이 되어 목표를 향해 돌진하거나, 바람의 유형이 되어 다양한 사람과 소통하는 일도 많습니다. 또 중소기업을 컨설팅하기 위해 기업의 재무 데이터를 분석하는 등 현 상황을 확인하고 객관적인 시점에서 어드바이스해야 해서 땅의 유형이 되는 경우도 있습니다.

이 책에서도 언급했지만 자기 교육을 통해 다른 개성을 이해할 수 있고, 그 개성을 익힐 수도 있고, 그것을 성장시킬 수도 있게 됩니다.

독자들이 이 책을 잘 활용하여 원하는 성장을 이루고 인간관계 역시 더 풍요로워지길 진심으로 기원합니다.

51세 생일을 맞은 자택 사무실에서

이야마 지로

오늘부터 실천할 수 있는
유형별 대화법

● 불의 유형과의 대화법

1 목표 달성을 위한 접근법

"○○를 해 보면 어떨까?"

"이런 방법으로 하면 좀 더 향상될 것 같아."

2 실패했을 때의 대처법

"너에겐 능력이 있으니까 그걸 살려가자."

"너라면 할 수 있어."

3 순조로울 때는 이렇게

"침착하게 주위를 살펴볼까?"

"다른 사람이 어려울 때 네가 가르쳐 주면 좋겠어."

4 승부를 봐야 할 때는 이렇게

"넌 ○○가 최고니까 반드시 해낼 수 있어."

"○○를 잘하니까 자신을 가지고 해 봐."

5 바람직한 꾸중법

"잘하고 있는 건 알아. 하지만 이렇게 하면 더 좋아."

6 좋은 칭찬법

"최고로 ○○하구나."

"○○를 제일 잘하네."

7 의욕을 이끌어내기 위해서는

"먼저 이걸 해 볼까?"

"너라면 여기서 최고가 될 수 있을 거야."

8 적극적인 참여를 이끌어내려면

"너라면 어떻게 할 거야?"

"그밖에 어떤 아이디어가 있을까?"

9 신뢰 관계를 쌓으려면

말보다도 행동으로 보여 주는 것이 가장 중요하다.

10 어려움을 극복하게 하려면

"지금 제일 중요한 일은 뭘까?"

"처음엔 이걸 해 보자. 그걸 다 하면 다음엔 이거."

11 자신감을 키워 주기 위해서는

"제대로 집중하고 있구나."

"노력하는 네 모습이 주위에 본보기가 되고 있단다."

● **바람의 유형과의 대화법**

1 목표 달성을 위한 접근법
"목표를 달성하면 기뻐해 줄 사람은 누굴까?"
"즐겁게 노력하고 있구나."

2 실패했을 때의 대처법
"왜 실패했을까?"
"원인이 무엇일까?"

3 순조로울 때는 이렇게
"그럼, 목표를 다시 한번 확인해 볼까?"
"하고 싶은 일이 뭐였지?"

4 승부를 봐야 할 때는 이렇게
"기뻐해 줄 사람의 얼굴을 떠올려 보자."

5 바람직한 꾸중법
"○○한 이유가 있으니까 하지 않는 게 좋아."
"이건 좋지 않아. ○○를 해 보면 어떨까?"

6 좋은 칭찬법
"○○를 잘하는구나!"
"○○가 뛰어나네!"

7 의욕을 이끌어내기 위해서는

"그 행동은 무엇을 위해 하고 있니?"

"기쁘게 해 주고 싶은 사람은 누구야?"

8 적극적인 참여를 이끌어내려면

"어떻게 하면 이걸 재미있게 할 수 있을까?"

"뭘 하면 즐거워?"

9 신뢰 관계를 쌓으려면

"지금 어떤 상황이야?"

"팀 분위기는 어때?"

10 어려움을 극복하게 하려면

"지금 ○○는 어떤 상태야?"

"○○에 대해 재미있는 점을 알려 줘."

11 자신감을 키워 주기 위해서는

"미래에 성공한 네 모습을 상상해 보자."

"자신을 되찾은 넌 어떻게 변해 있을 것 같아?"

● 물의 유형과의 대화법

1 목표 달성을 위한 접근법
"목표를 달성하면 어떤 좋은 점이 있을까?"
"목표를 달성하면 어떻게 될까?"

2 실패했을 때의 대처법
"다음엔 어떻게 할까?"
"다음에 또 이런 일이 있으면 그땐 어떻게 하면 좋겠어?"

3 순조로울 때는 이렇게
"최고로 좋은 상태야!"
"제대로 궤도에 올랐구나."

4 승부를 봐야 할 때는 이렇게
"침착하게 평소처럼 하자."
"평소에 하던 대로 하면 문제 없어."

5 바람직한 꾸중법
"(과제 등에 대해서) 좀 더 시간에 여유를 가지고 해볼까?"
"일찌감치 준비해 볼래?"

6 좋은 칭찬법
"네가 ○○할 수 있게 돼서 나도 기뻐."

7 의욕을 이끌어내기 위해서는

"지금까지와 다른 일을 한다면 어떤 일을 해 보고 싶어?"

8 적극적인 참여를 이끌어내려면

"그거 재밌구나."
"좋은 의견이야."

9 신뢰 관계를 쌓으려면

이것저것 지나치게 말하지 말고 조용히 지켜봐 준다.
약속은 꼭 지킨다.

10 어려움을 극복하게 하려면

"이걸 하면 어떤 좋은 점이 있을까?"
"행운이 너와 함께할 거야."

11 자신감을 키워 주기 위해서는

"전에 순조롭게 되던 때는 어땠어?"
"그때는 그렇게 해서 잘됐던 거구나. 뭐가 다르다고 생각해?"

● 땅의 유형과의 대화법

1　목표 달성을 위한 접근법

"한발씩 확실히 나아가자."

2　실패했을 때의 대처법

"힘들었겠구나."

"나도 ○○로 실패해서 우울했지만 이렇게 해서 다시
일어섰단다."

3　순조로울 때는 이렇게

"실패할지도 모르니까 조심하자."

"그다음 일을 생각하고 해 볼까?"

4　승부를 봐야 할 때는 이렇게

"나는(그 사람은) 중요한 상황일 때 이렇게 해서 위기를
벗어났어."

5　바람직한 꾸중법

"불만스러운 얼굴을 한 사람을 보면 어떤 생각이
들어?"

"너와 비슷한 경험을 한 사람도 있을 거야. 그런 사람
은 지금 어떻게 하고 있을까?"

6   좋은 칭찬법

"세세한 부분까지 잘 보고 있구나."

"제대로 잘하고 있네."

7   의욕을 이끌어내기 위해서는

"의욕이 생기지 않을 때도 있단다."

"함께 해 보자."

8   적극적인 참여를 이끌어내려면

"이건 약속이야!"

9   신뢰 관계를 쌓으려면

세세한 부분까지 언제나 꼼꼼하게 신경을 써 준다.

10 어려움을 극복하게 하려면

"어려운 일을 참고 해내면 ○○를 받을 수 있어."

"이걸 줄 테니까 좀 더 힘을 내 볼까?"

11 자신감을 키워 주기 위해서는

"이 일의 긍정적인 면에 관심을 가져 보자."

"이걸 뛰어넘으면 더 성장할 수 있어."

아이의 멘탈은 4가지

초판 1쇄 인쇄 2021년 12월 29일
초판 1쇄 발행 2022년 1월 10일

지은이 이야마 지로
펴낸이 이범상
펴낸곳 (주)비전비엔피 · 애플북스

기획편집 이경원 차재호 김승희 김연희 고연경 박성아 최유진 황서연 김태은 박승연
디자인 최원영 이상재 한우리
마케팅 이성호 최은석 전상미 백지혜
전자책 김성화 김희정 이병준
관리 이다정

주소 우)04034 서울시 마포구 잔다리로7길 12 (서교동)
전화 02)338-2411 | **팩스** 02)338-2413
홈페이지 www.visionbp.co.kr
인스타그램 www.instagram.com/visioncorea
포스트 post.naver.com/visioncorea
이메일 visioncorea@naver.com
원고투고 editor@visionbp.co.kr

등록번호 제313-2007-000012호

ISBN 979-11-90147-90-3 13590

· 값은 뒤표지에 있습니다.
· 잘못된 책은 구입하신 서점에서 바꿔드립니다.

도서에 대한 소식과 콘텐츠를
받아보고 싶으신가요?